신기한 생태교실 1

곤충의 사랑

글·사진 **성기수(반디)**

신기한 생태교실 **❶**

곤충의 사랑

처음 발행한 날 | 2007년 12월 28일
2쇄 발행한 날 | 2010년 10월 23일

지은이 | 반디(성기수)
펴낸이 | 표도연

펴낸곳 | 일공육사
출판등록 | 2005년 9월 2일(제313-2005-000190호)
주소 | 121-840 서울시 마포구 서교동 395-99 301호
대표전화 | 0505-460-1064   **팩스** | 03030-460-1064
e-mail | pody@dreamwiz.com
디자인 | Yoon communications

ⓒ성기수 2007 / ISBN 978-89-958060-5-0

***사진 제공해 주신 분** | 류범주, 강의영, 정광수, 강웅, 최원교, 박동하

신기한 생태교실 ①

곤충의 사랑

글·사진 **성기수(반디)**

일곱육사

'곤충의 사랑'을 알면 곤충을 사랑하게 됩니다

커튼을 열면 왈칵 쏟아져 들어오는 아침 햇살이 눈부십니다. 시인은 부서지는 햇살을 멋진 운율로 표현할 것입니다. 음악가라면 감미로운 멜로디를 떠올리겠지요. 하지만 곤충을 관찰하는 것이 일인 저는 자나 깨나 곤충 생각뿐입니다.

'오늘같이 햇살 좋은 날은 호리병벌을 찾아나서 볼까?'

'비단벌레가 짝짓기하기에 딱 좋은 날씨인걸!'

'아니야, 연못가에 가서 왕잠자리를 찾아보는 편이 낫겠어!'

날씨에 따라, 계절에 따라 찾게 되는 곤충도 제각각입니다. 어떤 곤충이 언제 어디로 왜 날아드는지, 그 인과관계를 밝히는 것이 곧 자연과학입니다.

지구상의 생물 중에서 가장 많은 종(種)과 개체수를 차지하는 것은 단연 곤충입니다. 역사적으로도 가장 오래된 생물군이지요. 그러고 보면 곤충이야말로 자연을 이루는 가장 중요한 축이라고 할 수 있겠군요.

지금까지 수많은 곤충들을 찾아 그들의 생태를 관찰하고, 기록하고, 또 카메라에 담기도 했습니다. 자료의 범위가 너무 넓고 많아 어디서부터 이야기를 꺼내야 할지 모를 지경이랍니다.

곤충의 먹이활동(사냥), 집짓기, 짝짓기, 기생 및 공생, 숨기(위장) 등등 곤충에 대해 할 이야기는 무궁무진하니까요. 그래서 하나하나 주제별로 이야기를 풀어 보기로 했습니다. 그 첫 번째가 바로 '곤충의 사랑', 즉 짝짓기에 관한 이야기인데, 곤충마다의 독특한 짝짓기 습성을 통해 그들의 생존 전략까지 엿볼 수 있답니다.

곤충은 어떻게 만나 사랑을 할까요? 사람처럼 전화를 하거나 편지를 쓰는 것도 아니면서 어떻게 서로를 찾아낼 수 있을까요?

여기에 대한 답은 크게 세 가지쯤으로 요약됩니다.

첫째는 시각을 이용하는 것입니다. 눈이 발달한 곤충은 뛰어난 시각을 이용해 짝을 찾아 나서거나, 아니면 먹이가 풍부한 곳에서 암컷이 나타날 때까지 무작정 기다리기도 합니다. 둘째는 소리를 이용하는 방법입니다. 대개는 수컷이 아름다운 소리를 내서 암컷을 유혹합니다. 셋째는 후각을 이용하는 방법입니다. 이때는 주로 암컷이 페로몬이라는 화학 물질을 분비하여 수컷들을 불러들이게 됩니다.

곤충을 관찰하면서 그들에게 배우는 것이 많습니다. 그들은 아무리 혹독한 조건을 만나더라도 결코 좌절하거나 포기하지 않습니다. 환경을 탓하지도 않습니다. 현재 자신이 처한 상황에서 최선을 다해 살아가는 그들의 생명 의지 앞에 경외감마저 들 때가 있습니다.

곤충이 살아가는 방식은 수억 년 동안 모진 역경을 이기고 얻어낸 지혜로운 유산입니다. 우리 인간들보다 수천 배나 긴 세월을 살아온 그들의 삶이 유전자 속에 고스란히 남아 있지요. 우리는 그들의 생존 방식에서 많은 것을 알아내고 배워야 합니다. 이 일은 언젠가 누군가는 꼭 해야만 하는 일입니다. 그래서 훗날 이 관찰 결과가 요긴하게 쓰일 날이 있으리라는 믿음을 가지고 즐거운 마음으로 관찰 여행을 다니고 있답니다.

가끔 삼촌을 따라나서는 조카 성우현, 조영현·영준이가 어른이 되어서도 지금처럼 곤충과 친하게 지냈으면 좋겠습니다. 몸이 컸다고 곤충을 하찮게 생각하는 자만심을 갖지 않기를 바랍니다.

관찰 여행에 동행해 주시고 좋은 도움 말씀을 주신 류범주·강의영·정광수·강웅·최원교·박동하·김태우·오해용님을 비롯한 많은 분들, 그리고 이 책이 나오기까지 지원을 아끼지 않은 일공육사의 표도연 사장님께 감사드립니다.

2007년 12월

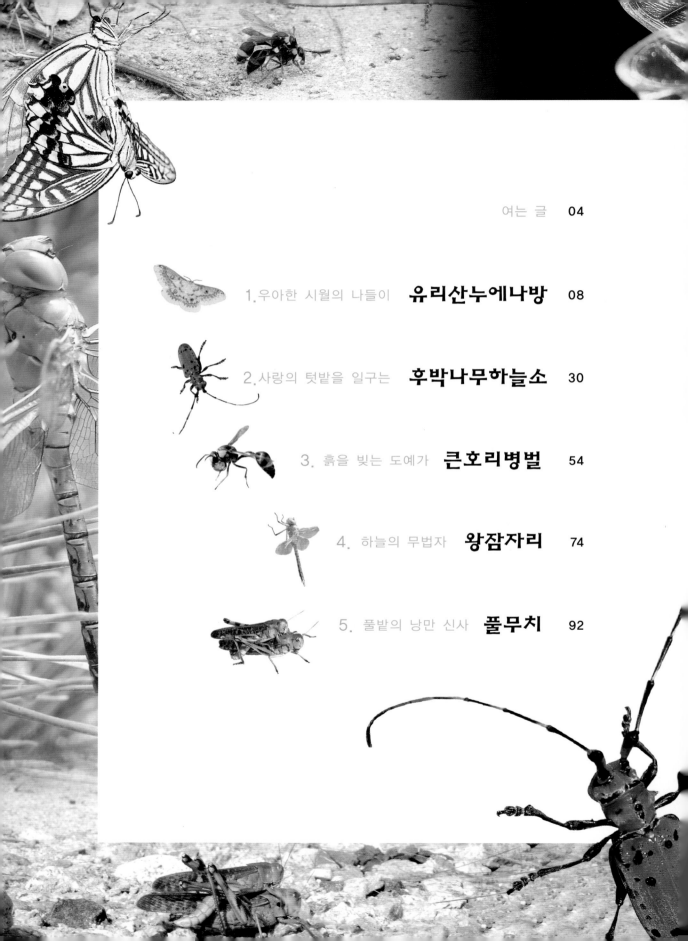

여는 글   04

1. 우아한 시월의 나들이   **유리산누에나방**   08

2. 사랑의 텃밭을 일구는   **후박나무하늘소**   30

3. 흙을 빚는 도예가   **큰호리병벌**   54

4. 하늘의 무법자   **왕잠자리**   74

5. 풀밭의 낭만 신사   **풀무치**   92

6. 사랑의 이벤트 연출가 **긴꼬리** 112

7. 눈밭에서 펼쳐지는 사랑의 향연 **겨울자나방** 126

8. 5월의 폭군 **길앞잡이** 144

9. 곡예 비행의 로맨스 **호랑나비** 160

10. 열십자 비행의 사랑 **비단벌레** 178

그래프로 보는 곤충 활동 시기 192

찾아보기 194

1

우아한 시월의 나들이

유 리 산 누 에 나 방

R h o d i n i a   f u g a x

- 학 명 : 유리산누에나방 (*Rhodinia fugax*)
- 과 명 : 나비목 산누에나방과
- 어른벌레 관찰 시기 : 10월~11월 초
- 겨울나기 : 알

우리나라 중부 지방에서 흔히 관찰할 수 있으며 남부 지방에도 분포하고 있습니다. 편 날개 길이가 수컷은 75~90 밀리미터, 암컷은 80~110밀리미터로 대형 나방에 속합니다. 날개의 빛깔이 곱고, '유리'라는 이름에서 알 수 있듯 이 날개에 투명한 막이 있습니다. 알로 월동한 후 봄에 부화해 참나무류, 느티나무, 물푸레나무, 벚나무, 호랑버들 의 잎을 먹으며 중간에 먹이를 바꾸지 않습니다. 연두색 명주실을 뽑아 독특한 모양의 고치를 짓는 습성이 있으며, 애벌레 시기에는 '찍찍'거리는 경계음을 내어 자신을 보호합니다.

유리산누에나방 애벌레가 고치를 만드는 모습. 고치 안에 실을 뽑는 애벌레가 보입니다. 여러 곳에 실을 걸어 안전 장치를 해 놓습니다.

겨울 산에서 발견한 초록빛 물체

오래 전부터 사람들은 모든 것을 운명과 연결지어 생각하길 좋아했습니다. 그리스 신화에도 운명을 결정하는 세 여신이 등장합니다. 모든 운명은 이들이 가진 실에 따라 결정된다고 믿었지요. 클로토(Clotho)는 운명의 실로 베를 짰고, 라케시스(Lachesis)는 베에 무늬를 새겼으며, 아트로포스(Atropos)는 그 베를 잘랐답니다. 이것으로 하나의 삶이 끝났다고 생각했지요. 아이러니컬하게도 신들조차 그 운명을 벗어나지 못하고 여신들이 짠 베의 무늬와 길이에 따라 운명이 결정되었답니다.

지금 소개하는 곤충의 애벌레도 운명의 실을 뽑습니다. 고운 명주실이지만 여느 누에처럼 흰색이 아니라 연두빛 곱게 물든 실이지요. 이 고치의 실이 운명을 결정짓는지는 모르지만, 가을밤을 들뜨게 한다는 것은 잘 압니다. 다음 생명을 잉태하기 위해 가을밤을 아름답게 수놓기 때문이지요.

따뜻한 겨울날이면 이따금 조카 영준이와 함께 뒷동산을 거닐곤 합니다. 겨울 동산에는 메마른 낙엽과 성장을 멈춘 나뭇가지들뿐입니다. 한참을 걸었을까? 영준이가 뭔가를 발견하고는 손가락으로 조용히 가리키며 묻습니다.

"삼촌! 새가 쪼고 있는 저 초록색은 뭐야?"

영준이의 손끝을 따라가 보니 작은 쇠박새 한 마리가 초록빛 물체를 열심히 쪼아 대고 있었습니다. 얼핏 봐서는 모르고 지나칠 정도로 작은 물체였지만, 유난히 초록색을

보통의 누에고치처럼 생긴 참나무산누에나방의 고치(위)와 입구가 안경집처럼 생긴 유리산누에나방의 고치(아래). 나뭇잎과 색깔이 비슷해서 여름철엔 고치를 발견하기가 쉽지 않습니다.

좋아하는 영준이 눈에 띄지 않을 도리가 없었던 게지요.

"저거 살아 있는 거야? 아니면 죽은 거야? 이 겨울에 초록빛을 띠고 있는 걸로 봐서는 살아 있을 것 같은데……."

그것은 나방이 떠나간 빈 고치였습니다. 기대에 찬 영준이를 실망시키고 싶지는 않았지만, 사실대로 말해 주기로 했습니다. 무엇보다 자연을 진실되게 보는 것이 중요하니까요.

"저건 나방의 고치야. 지난 가을에 이미 나가 버린 빈 껍데기 같은데……. 어디 한번 따서 살펴볼까?"

사람 기척에 놀란 새가 포르륵 날아올랐습니다. 우리는 그제야 쇠박새가 쪼다 만 고치가 매달린 나뭇가지를 조심스레 꺾었습니다. 영준이는 아직도 그것이 살아 있다고 생각해서인지 함부로 만지지 않고 찬찬히 살펴보기만 합니다.

비밀의 방 엿보기

삭막한 계절에 연초록빛을 만난 것만으로도 여간 반갑지 않습니다. 빈 고치인데도 색깔이 참 곱습니다. 바라보는 사람의 마음을 편안하게 해주는 마법의 색입니다.

나뭇가지와 고치의 연결 부분은 놀랍도록 튼튼하고 안전하게 설계되었습니다. 우선 끈 하나를 한쪽 나뭇가지에 붙입니다. 그런 다음 그 끈을 연장하여 또 하나의 연결 고리를 만듭니다. 말하자면 이중 안전장치인 셈이지요. 이렇게 해놓으면 웬만한 충격에도 견딜 수 있을 것입니다.

고치 윗부분에는 납작한 모양의 출입구가 있습니다. 꼭

나뭇잎이 떨어진 자리에 열매가 맺힌 듯
매달려 있는 유리산누에나방의 빈 고치.

다물어져 있는 그 양쪽 끝을 손가락으로 잡아 누르자 입구가 둥글게 벌어졌습니다. 마치 휴대용 안경집과도 같습니다. 영준이의 눈이 휘둥그레졌습니다. 그제야 빈 고치라는 사실을 믿게 된 모양입니다.

고치 입구를 자세히 살펴보니, 안에서 밖으로 나오기는 쉽지만 밖에서 안쪽으로 들어가기는 어려운 구조였습니다. 침입자로부터 내부를 보호하도록 정교하게 만들어졌습니다. 아무리 잘 지어진 성문이라도 이보다 뛰어날 수는 없을 겁니다. 그리고 고치의 맨 아래쪽에는 작은 구멍 하나가 나 있습니다. 배수로 기능을 겸하고 있는 이 구멍은 크기가 바늘구멍만한데, 어찌나 섬세한지 예리한 드릴로 뚫은 것 같습니다.

빈 고치를 살펴보며 이것저것 설명하다 보니 그 정교함이 더욱 두드러져 보였습니다. 보면 볼수록 독특하고 창의성이 돋보이는 작품이었습니다. 도대체 어떤 녀석이 이토록 멋진 집을 지었을까요! 겨울 산행길에서 우연히 마주친 이 고치의 주인은 어떤 나방일까요? 궁금하기 짝이 없었습니다. 우리는 이것을 집으로 가져가서 더 자세히 살펴보기로 했습니다.

고치 표면에 붙은 알

우리는 책상에 앉아 쭉정이 고치를 조사하기 시작했습니다. 마치 탐정이라도 된 것처럼 말이지요. 그러다가 고치 주변에 들깨알처럼 생긴 것들이 다닥다닥 붙어 있는 걸 발견했습니다.

▲ 유리산누에나방의 고치와 알(위).
▲ 번데기가 들어 있는 유리산누에나방의 고치 절단면(아래). 애벌레 시절의 허물을 바닥에 깔고 있습니다. 관찰 후에 잘라 놓은 고치를 다시 실로 꿰매어 놓으면 정상적으로 우화할 수 있습니다.

고치의 비밀을 알아볼까요?

이중 안전 장치.
나뭇가지에 고치를 단단하게 고정시킵니다. 처음에는 끈을 한쪽 나뭇가지에만 붙입니다. 그리고 끈을 더 연장하여 또 하나의 연결 고리를 만듭니다.

안경집 모양의 입구.
전체 모양은 원통형이지만 입구는 일자형으로, 우화된 나방이 쉽게 나올 수 있는 구조로 되어 있습니다.

실을 덧댄 주름.
내부의 번데기가 다치지 않도록 몇 겹으로 주름을 잡아서 고치를 단단하게 만들었습니다.

타원형의 몸통.
애벌레가 자리잡기 편하도록 타원형의 모양을 유지하고 있습니다.

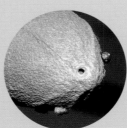

고치 밑의 구멍.
배수로 기능을 하는 구멍입니다. 얼마나 섬세한지 예리한 드릴로 뚫어 놓은 듯이 보입니다.

아하! 이것은 산누에나방의 알이 틀림없습니다. 이처럼 고치에다가 알을 낳는 종(種)은 산누에나방뿐이니까요. 그 중에서도 이 녀석은 유리산누에나방입니다.

유리산누에나방이라는 이름은 날개에 투명한 유리창처럼 생긴 문양이 있기 때문에 붙은 이름입니다. 암컷은 부드러운 황금빛에 갈색 무늬가 날개에 새겨져 있고, 수컷은 연한 커피색에 진한 무늬가 있습니다. 암수가 빛깔은 다르지만 날개의 유리창 문양은 똑같습니다.

유리산누에나방의 암컷은 몸집이 뚱뚱하기 때문에 비행에 서툽니다. 따라서 고치에서 막 빠져나온 암컷이 페로몬을 방출하면 그 냄새를 맡은 수컷들이 날아와 짝짓기를 하지요. 수컷은 암컷에 비해 훨씬 날렵한 몸매를 가졌답니다. 짝짓기를 마친 암컷은 다른 곳으로 날아가지 않고 고치 주변에 알을 낳았을 것입니다. 그래서 빈 고치 표면에 알이 붙은 것이겠지요.

불현듯 이 알들을 부화시켜 길러 보고 싶다는 생각이 들었습니다. 먹이식물을 화분에 심어 놓고 그 잎에 애벌레를 옮겨 놓으면 가능할 것도 같았습니다. 만약 그렇게만 된다면 그보다 더 좋은 관찰법이 어디 있을까요. 게다가 영준이에게는 그야말로 살아 있는 자연 교육장이 되는 셈입니다. 우리는 나뭇가지에 매달린 고치와 알을 빈 꽃병에 꽂아 두고 어서 봄이 오기만을 기다렸습니다.

아참! 먹이식물로는 어떤 나무가 좋을까요? 유리산누에나방 고치는 다양한 나무에서 발견됩니다. 참나무류, 신나무, 느티나무, 호랑버들…… 등등. 이들 중 어떤 나무가 적당할지 알쏭달쏭했습니다. 그래서 오래 전에 적어 둔

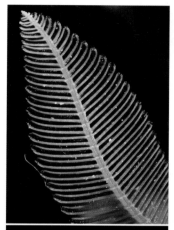

유리산누에나방 수컷(위)과 암컷(아래)의 더듬이. 암컷의 페로몬을 맡기 위해 수컷의 더듬이는 더 넓게 퍼져 있습니다.

① 나뭇가지에 붙은 유리산누에나방 알이 부화하기 시작합니다.
② 신나무 싹눈을 먹고 있는 2령 애벌레.
③ 신나무 가지에서 쉬고 있는 4령 애벌레.
④ 종령 애벌레. 머리 앞부분이 커서 마치 짱구 같습니다.

관찰 메모를 꺼내 봤더니 신나무에서 가장 많이 발견되었습니다. 우리는 작은 신나무 한 그루를 화분에 심었습니다.

드디어 봄이 되었습니다. 물가를 좋아하는 신나무는 여느 나무들보다 일찍 싹을 틔웠습니다. 이때를 맞춰 유리산누에나방의 알에서 애벌레가 깨어났습니다. 작고 새까만 벌레는 꼼지락거리는 개미 같았지요.

애벌레는 신나무 잎을 야금야금 갉았습니다. 아직 잎이 채 트지 않은 가지에서는 움튼 싹눈을 먹어 치웠습니다. 얼마나 지났을까, 애벌레가 드디어 허물벗기를 시작합니다. 신기하게도 한 번 허물을 벗을 때마다 몸체의 색깔이 변해 갑니다. 처음의 까만색이 사라지고 점점 노란빛이 더해집니다. 그러다가 세 번째 허물벗기가 끝났을 때에는 완전한 노랑연두색으로 바뀌었습니다.

유리산누에나방 애벌레의 특징을 한 가지 더 꼽으라면, 몸 위쪽에 하늘색 돌기가 나 있다는 점입니다. 이 하늘색 돌기는 다른 나방의 애벌레에게서는 찾아볼 수 없는, 이들만의 특징입니다.

신나무에서 깨어난 애벌레는 신나무 잎만을 먹습니다. 참나무가 고향인 애벌레는 참나무 잎만을 좋아합니다. 실험 삼아 참나무에서 찾은 애벌레를 신나무에 옮겨 놓았더니 먹이를 먹지 않고 시름시름 앓다가 죽어 버렸습니다. 몇 번 더 똑같은 실험을 반복했지만 결과는 마찬가지였습니다. 그래서 내린 결론은, 유리산누에나방 애벌레는 처음 맛본 나뭇잎만을 먹으며 중간에 먹이식물을 바꾸지 않는다는 것입니다.

고치 짓기

6월 중순이 지나자 애벌레는 손가락 굵기만큼 자랐습니다. 등에 나 있는 하늘색 돌기를 건드리면 소리를 질러 댔습니다.

"찍찍! 찍찍!"

아프다는 뜻일까요? 아니면 장난치지 말라는 경고음일까요? 그 소리는 박쥐 울음소리와 흡사합니다.

5월이 되어 검정풍뎅이가 낙엽을 뚫고 나오면 몇 마리 잡아 두었다가 그것들을 들고 물가로 갑니다. 저녁 무렵이면 그곳에서 박쥐들이 비행을 시작합니다. 때맞추어 풍뎅이를 허공에 튀겨 주면 순식간에 박쥐가 나타나 휙 하고 채갑니다. 그때 박쥐들이 질러 대는 소리와 애벌레 울음소리가 같은 것은 우연이 아닙니다.

유리산누에나방 애벌레는 왜 위험이 닥치면 박쥐 소리를 내는 걸까요? 하고많은 소리들 중에 유독 박쥐 소리를

▲ 기생당한 유리산누에나방 애벌레의 모습. 등에 있는 까만 점은 기생벌의 산란 흔적입니다.
▲ 애벌레(참나무산누에나방) 배다리의 발톱.

① AM. 01:47

② AM. 02:02

⑥ AM. 05:39

⑧ AM. 05:59

⑩ AM. 06:05

⑪ AM. 06:43

⑫ AM. 06:49

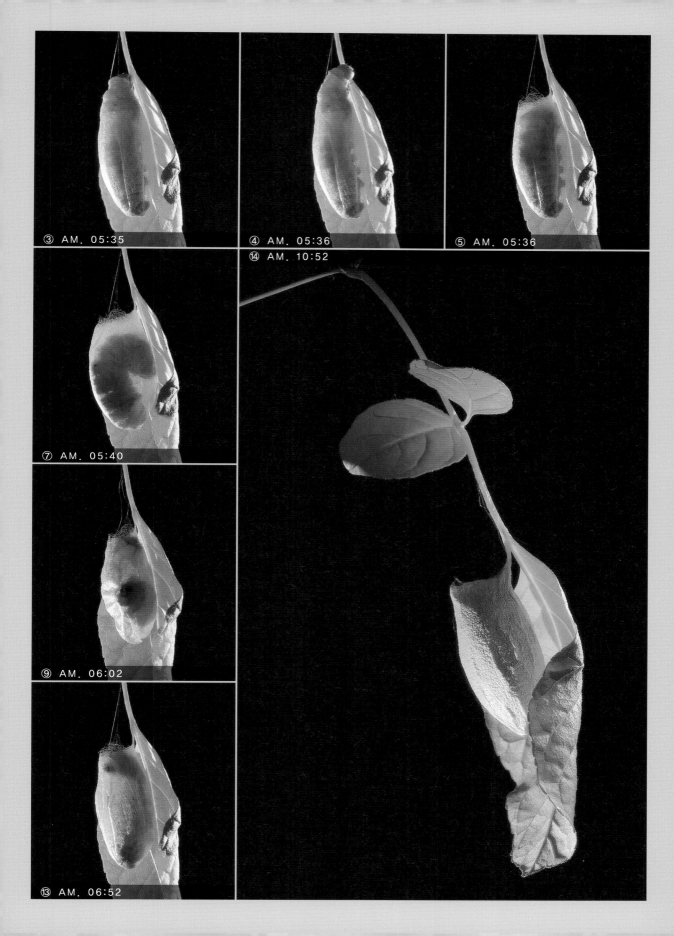

③ AM. 05:35

④ AM. 05:36

⑤ AM. 05:36

⑭ AM. 10:52

⑦ AM. 05:40

⑨ AM. 06:02

⑬ AM. 06:52

흉내 내는 데는 그럴 만한 이유가 있습니다. 유리산누에나 방 애벌레가 살아가는 시기는 박쥐가 한창 활동하는 계절 입니다. 박쥐는 밤에 나돌아다니는 곤충을 잡아먹는 포식 자이므로, 애벌레가 자신을 위협하는 상대에게 박쥐 소리 를 내서 쫓아 버리는 것은 탁월한 보신술인 셈입니다.

7월 초순이 되자 다 자란 애벌레가 잎 갉기를 중단했습 니다. 먹이 활동을 끝내고 곧 번데기가 될 준비를 한다는 신호였지요. 밤이 되자 애벌레는 좋은 장소를 찾아 이리저 리 기웃거렸습니다. 그리고 이틀째 되는 날 저녁, 애벌레 가 수상한 짓을 하기 시작했습니다. 드디어 잎줄기 한쪽에 실을 토해 낸 것입니다. 처음에는 그것을 눈치채지 못했는 데, 전등 불빛에 비춰 보니 가느다란 실이 보였답니다.

그날 밤 애벌레는 몇 번을 오르내리면서 실 붙이기를 계속했습니다. 나뭇가지에 실을 토하고 다시 잎자루에 붙 였습니다. 그리고 잎 뒷면에 길쭉한 자루 모양을 만들었습 니다. 그때까지만 해도 실에서는 특별한 빛깔이 나타나지 않았습니다. 그런데 애벌레가 토해 내는 실이 점점 뭉쳐질 수록 연두빛깔이 선명해졌습니다.

애벌레는 고치를 잎 뒷면에 붙였습니다. 그리고는 비바 람에 시달릴 것을 염려해서인지 안전띠 매는 작업을 추가 했습니다. 자신의 침낭이 흔들리지 않도록 몇 가닥 실을 뽑아 단단히 고정시켰습니다.

이파리 색을 모방하는 애벌레와 고치

처음 알에서 깨어난 애벌레는 나뭇잎을 갉아먹고 자랍

나뭇잎 뒷면에 붙어 잘 숨어 있는 유리산 누에나방의 고치. 초록의 보호색으로 천 적인 새의 눈을 피합니다.

갈참나무에 만든 고치 호랑버들 가지에 만든 고치

니다. 그리고 장마철 무렵에 성장을 멈추고 고치 만들 준비를 했답니다. 먹이식물의 이파리 뒷면에 연두색 고치를 만들었는데, 이것은 누가 가르쳐 준 것이 아닙니다.

여름 동안 우리는 뒷동산 숲을 돌아다니며 자연 상태에서 자란 유리산누에나방의 고치들을 찾아냈습니다. 그런데 이상하게도, 고치의 색깔이 일정하지 않았습니다. 모두 연두색을 기본 색으로 삼고 있긴 했지만, 저마다 조금씩 달랐던 것입니다. 똑같은 유리산누에나방의 고치인데 왜 색깔이 다른 걸까요?

그렇습니다. 눈치채신 대로, 고치는 자신이 붙어 있는 나뭇잎 뒷면의 색과 꼭 닮아 있었습니다. 참나무류 잎에 붙은 고치는 이파리 뒷면처럼 약간 희뿌연 색을 띠고 있습니다. 호랑버들에서 자란 고치는 진한 초록빛이고, 느티나무를 삶의 터전으로 삼은 고치는 연두빛이었습니다. 너무나 완벽한 모방입니다. 누가 누구를 모방한 걸까요? 당연히 고치가 나뭇잎을 모방했겠지요. 그러고 보면 유리산누에나방은 색깔 모방의 천재인 모양입니다.

고치뿐만이 아닙니다. 애벌레도 이파리 색깔과 꼭 같습니다. 나중에 알아보니 녀석들은 두 가지 색소 결합 단백질을 지녔답니다. 예컨대, 이파리 색이 진하면 애벌레는 몸속 색소 단백질을 청색 색소와 결합시켜 피부에 축적시킨다는군요. 그러면 애벌레는 물론이고 고치까지도 이파리 색을 따라 진한 색깔을 띠게 되는 것이랍니다.

달가닥거리는 9월의 소리

가을날 초저녁, 책상에 앉아 글을 쓰느라 한창 집중하고 있을 때였습니다. 어디선가 낯선 소리가 들려 왔습니다.

"달가닥달가닥! 달가닥달가닥!"

신경을 거스르며 집중력을 흐트러뜨리는 묘한 소리였습니다.

'도대체 무슨 소리일까? 혹시 방 안에 생쥐라도 들어왔나?'

책상 밑에서부터 방 구석구석을 뒤져 봤지만 소리가 날 만한 것은 아무것도 없었습니다. 다시 컴퓨터 앞에 앉아 막 글을 이어 나가려는 순간 또다시 들려오는 정체불명의 소리.

"달가닥달가닥! 달가닥달가닥!"

달걀귀신이라도 나타난 걸까요? 가만히 귀를 기울였습니다. 소리가 나는 곳은 책상 위쪽이 분명했습니다. 책꽂이에 빼곡히 꽂혀 있는 책들을 더듬어 나가다가 한쪽 구석에서 소리의 정체를 찾아낼 수 있었습니다. 조그만 화분이었지요. 아니, 정확하게 말하자면 화분의 신나무 가지에 매달린 유리산누에나방 고치 속에서 나는 소리였습니다. 처음에는 한 녀석만 소리를 내더니 조금 지나자 다른 고치들에서도 같은 소리가 났습니다. 고치 속의 번데기가 몸을 뒤틀자 고치의 바닥에 깔려 있는 애벌레 허물이 벽에 부딪혀 소리가 났던 것입니다.

신기하지 않나요? 번데기가 몸을 뒤채는 이유를 정확히 알 수는 없지만, 마치 태아가 엄마의 뱃속에서 발길질을 하는 것처럼 느껴졌답니다.

낙엽과 같은 빛깔로 위장한 유리산누에나방 암컷.

우화 그리고 사랑

　10월부터 11월 초까지 유리산누에나방의 우화(羽化 : 번데기에서 날개 있는 어른벌레로 변하는 것)는 계속되었습니다. 언제나 수컷들은 일찍 나와서 기다렸고, 암컷들은 훨씬 뒤에야 고치를 탈출했습니다.

　어느 날 저녁이었습니다. 주 관찰 대상인 통통한 고치에서 진동이 일기 시작했습니다. 파르르 떨리는 소리가 나더니 곧이어 입구에서 노란 다리가 비어져 나왔답니다. 그리고 녀석은 몸을 빼내기 위해 힘쓰기를 수차례 반복했습니다.

　몸통을 빼내기 위해 진저리를 칠 때마다 작은 털뭉치 같은 것이 하나 둘 날렸습니다. 탄생의 몸부림이 이렇게 힘겨울 줄이야! 애처롭게 지켜보던 나는 손을 뻗어 거들어 주고 싶었지만 그냥 두고 보기로 했습니다. 어설픈 동정이 나방을 위험에 빠뜨릴 수도 있으니까요.

　드디어 암컷 나방이 몸통을 완전히 빼냈습니다. 암컷은 고치에서 나오자마자 페로몬을 분비했습니다. 수컷을 부르기 위해서이지요. 암컷의 부름을 받은 수컷은 얼마나 반가웠을까요. 기다리고 기다리던 순간인 만큼 수컷의 재빠르기는 이루 말할 수 없답니다. 이 한 순간을 위해 일생을 살아온 것이라고 해도 지나친 말이 아닐 테니까요. 하지만 이들의 짝짓기 장면은 생각만큼 그렇게 멋지지 않습니다. 깜깜한 어둠 속에서 은밀히 이루어지는 사랑이었지요. 나도 몇 번인가 짝짓기 장면을 목격했지만, 사진으로 담은 것은 딱한 번뿐이었습니다. 그들이 애타게 기다리던 밤을 훼방 놓는 낯선 불청객이 되고 싶지는 않았거든요.

날개를 펄럭거리며 암컷을 찾는 수컷의 행동은 정말 다급해 보였습니다. 혹시 경쟁자가 나타나지나 않을까 하고 조바심이 났을 테지요. 이윽고 서로를 발견한 그들은 꽁무니를 맞대고 사랑을 나누기 시작했습니다. 그런데 여느 나방이나 나비들처럼 꽁무니를 맞댄 채 등지지 않고, 서로 눈을 마주보고 있었답니다. 그 자세로 그들의 사랑은 오래도록 계속되었습니다. 온몸을 뒤덮고 있는 두툼한 털외투는 추위를 막아 주는 듯했습니다. 그 모습이 얼마나 다정해 보였던지 관찰자의 본분을 잊은 채 방해하지 말아야겠다는 생각이 먼저 들 정도였답니다.

유리산누에나방은 입이 퇴화되어 먹이를 먹기는커녕 물 한 모금도 마실 수가 없답니다. 짝을 만나 사랑을 나누고 나면 힘에 겨워 곧 싸늘한 주검으로 변해 갑니다. 그렇지만 이들의 짧은 생을 너무 슬퍼할 필요는 없습니다. 앙상한 겨울나무 가지 끝에 열매 하나를 남겨 놓았으니까요. 연두색 실크로 짜 놓은 고치는 한 해를 열심히 살다 간 유리산누에나방의 흔적이랍니다. 그리고 고치 언저리에는 내년을 기약하는 작은 씨앗들을 매달아 두었답니다.

가로등 불빛을 보고 모여든 유리산누에나방 암컷들.

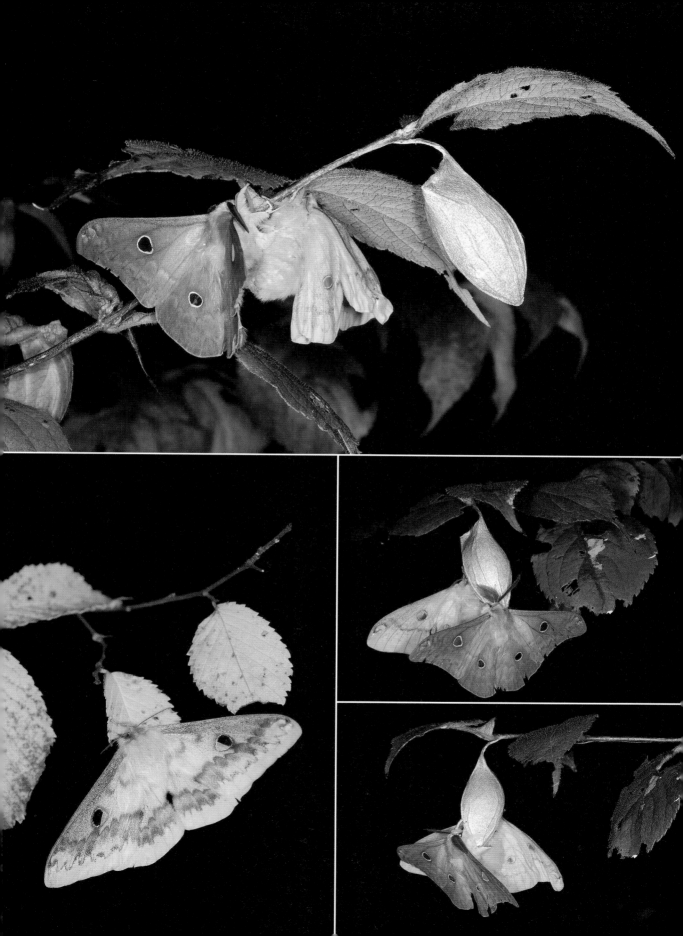

① 참나무산누에나방
② 참나무산누에나방 애벌레
③ 밤나무산누에나방
④ 밤나무산누에나방 애벌레
⑤ 긴꼬리산누에나방
⑥ 긴꼬리산누에나방 애벌레
⑦ 옥색긴꼬리산누에나방
⑧ 옥색긴꼬리산누에나방 애벌레
⑨ 작은산누에나방 암컷
⑩ 작은산누에나방 수컷
⑪ 가중나무고치나방
⑫ 네눈박이산누에나방 암컷
⑬ 네눈박이산누에나방 수컷
⑭ 달유리고치나방 수컷
⑮ 가중나무고치나방 애벌레
⑯ 작은산누에나방 애벌레

반디의 곤충연구실

유리산누에나방의 우화 과정

① 고치 입구를 열고 나오는 암컷.

② 몸을 빼지 못해 시간을 지체하는 암컷. 서둘러야 합니다!

③ 마지막 안간힘을 쓰는 암컷. 요동을 칠 때마다 몸통 털뭉치가 날립니다.

④ 옆으로 몸을 비틀면서 배를 빼냅니다.

⑤ 뚱뚱한 배허리를 빼내려고 좌우로 비틉니다. 영차! 영차!

⑥ 이윽고 고치를 빠져나와 한숨을 돌립니다.

⑦ 어떤 자리에서 날개를 펼칠까요?

⑧ 날개를 펴기에 앞서 배마디를 늘어뜨리기 시작합니다.

　결국 이 나방은 날개를 펴지 못했습니다. 고치를 빠져나올 때 시간을 너무 허비했기 때문입니다. 제 시간에 나오지 못하고 지체하면 완전한 날개를 갖지 못하는 '우화부전'의 상태로 불구가 됩니다.

⑨ 정상적으로 날개가 펼쳐진 또 다른 유리산누에나방 암컷의 모습.

유리산누에나방 번데기의 모습. 번데기가 애벌레 시절의 허물을 아래에 깔고 있습니다.

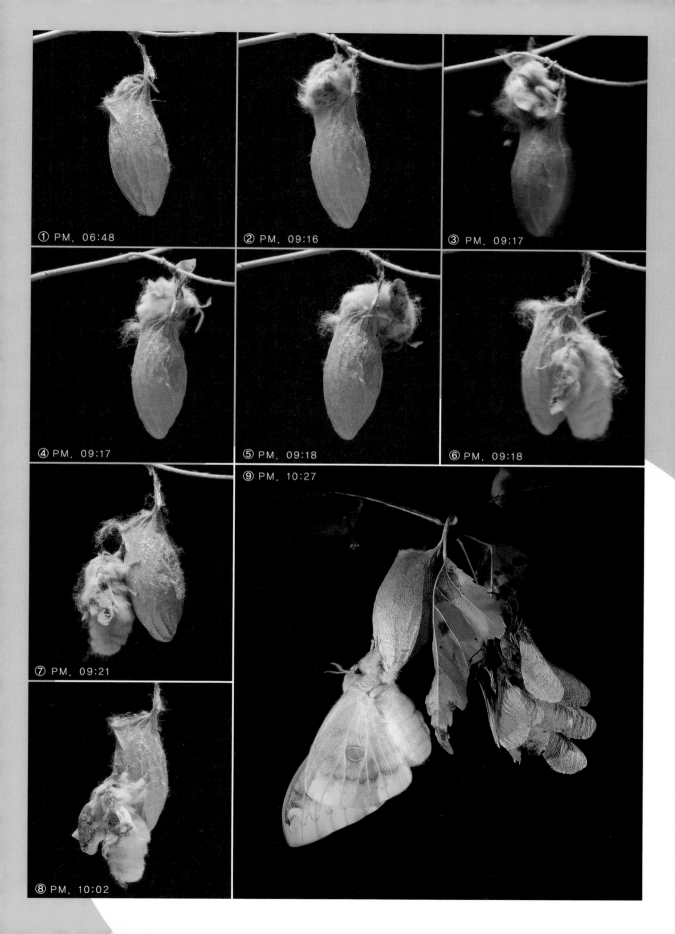

① PM. 06:48

② PM. 09:16

③ PM. 09:17

④ PM. 09:17

⑤ PM. 09:18

⑥ PM. 09:18

⑦ PM. 09:21

⑧ PM. 10:02

⑨ PM. 10:27

2

사랑의 텃밭을 일구는

후박나무하늘소

Eupromus ruber

- 학 명 : 후박나무하늘소 (*Eupromus ruber*)
- 과 명 : 딱정벌레목 하늘소과
- 어른벌레 관찰 시기 : 5월~7월
- 겨울나기 : 애벌레, 어른벌레

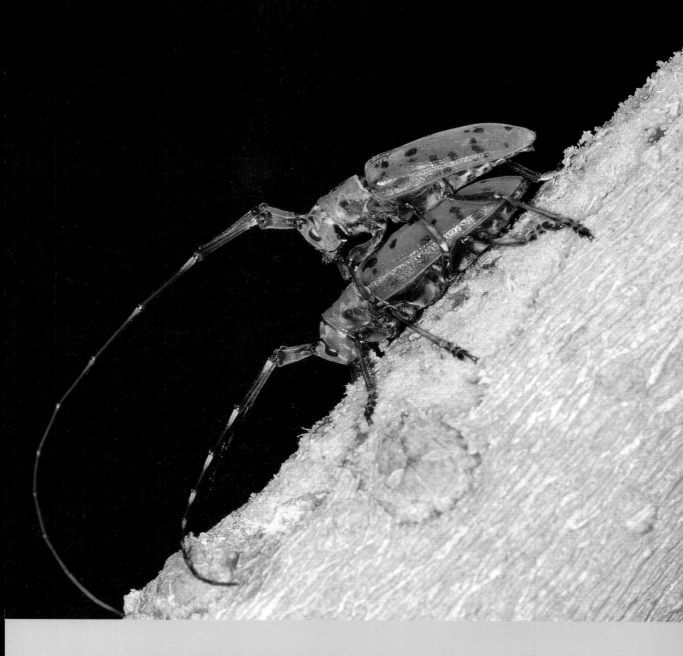

우리나라에서 발견된 지 얼마 안 된 곤충으로, 이 책에서 처음으로 생태가 공개되는 하늘소입니다. 몸 빛깔은 매우 화사한 편이며, 몸 길이가 2~3센티미터 정도입니다. 살아 있는 후박나무의 속살을 파고 들어가 집을 짓고 사는데, 우리나라 남부 일부 지역에서만 발견됩니다.

중국 사람들은 대체로 붉은색을 좋아합니다. 옷감에 빨간색이 들어가지 않으면 안심이 안 되는 모양입니다. 일본 사람들은 대비가 뚜렷하고 화사한 색상의 무늬 옷을 즐겨 입습니다. 그러면 우리 조상들은 어떤 색을 좋아했을까요? 바로 은은한 자연색이었습니다.

옷 색깔은 그 나라의 문화를 상징합니다. 교통과 통신의 발달로 세계가 하나의 생활권이 된 오늘날에도 전통의 상이라는 이름의 상징 문화는 여전히 남아 있습니다.

치자와 쪽으로 물들인 옷감을 보셨나요? 그것들을 가만히 보고 있노라면 치자의 노란색은 가을 들판을, 쪽풀의 보라색은 먼 산의 하늘빛을 닮았습니다. 이처럼 자연이 만든 색깔은 말 그대로 자연을 닮았습니다.

곤충의 색깔도 가지각색입니다. 화려한 치장을 뽐내는 녀석이 있는가 하면, 남의 눈에 띄기를 극도로 싫어해서 보호색으로 위장한 녀석도 있답니다.

남녘땅에서 살아가는 후박나무하늘소는 빨간색입니다. 몸통 전체가 빨간데다가, 간간이 검은 깨알 같은 반점이 박혀 있어 무척 예쁜 곤충이지요. 그런데 한 가지 신기한 것은, 이렇게 빨간 옷을 입고 있으면 사람들 눈에 띄기 쉬울 텐데도 정작 이 녀석이 우리나라에서 발견된 지는 얼마 되지 않았다는 사실입니다. 그 동안 얼마나 꽁꽁 숨어 있었던 걸까요?

하늘소는 눈과 입 모양이 매우 특이한 곤충입니다. 선글라스를 쓴 것 같은 눈과 나무를 물어뜯기에 알맞게 생긴 큰턱이 인상적입니다(우리목하늘소).

후박나무와 더불어 사는 하늘소

후박나무는 따뜻한 지방에서 잘 자랍니다. 제주도는 물

론이고 남해안과 서해안 일부 지역에서도 자생하며, 겨울철에도 잎사귀가 떨어지지 않는 상록활엽수랍니다. 언제나 싱그러운 빛을 잃지 않아 보기에 좋기 때문에 남쪽 지방에서는 가로수로도 많이 심습니다.

후박나무에 물이 오르고 새순에서 꽃이 필 때면 후박나무하늘소가 나타나기 시작합니다.

이 멋진 나무에는 또 다른 멋진 녀석이 살고 있습니다. 바로 후박나무하늘소입니다. 후박나무에만 붙어산다고 해서 '후박나무하늘소'라는 이름을 얻었습니다. 그런데 이 하늘소는 앞서 말한 것처럼 온통 빨간 옷을 걸쳤답니다. 게다가 등딱지에는 검은 깨알 몇 개를 박아 넣은 듯한 반점이 있습니다.

이 녀석을 처음 만난 건 어느 곤충 전시회에서였습니다. 표본 상태의 후박나무하늘소를 보았던 것이지요. 곤충의 표본은 죽은 것이므로 나는 별로 좋아하진 않지만, 이것은 곤충을 분류하는 학자들에게는 없어서는 안 될 아주 중요한 자료입니다.

'이 아름다운 녀석이 살아 움직이는 모습을 보고 싶어!'

후박나무하늘소가 탈출한 구멍.

5월이 시작되기가 무섭게 나는 남쪽으로 향했습니다. 후박나무하늘소를 만날 욕심으로 꽉 차서는 말이지요. 남녘은 벌써 후텁지근한 기운이 감돌고 있었고, 사방을 둘러봐도 푸른빛으로 가득했답니다.

후박나무의 새순은 붉은빛이 도는 갈색입니다. 간혹 연한 녹색도 있지만 대체로는 붉은빛을 띠고 있지요. 그래야 후박나무 새순을 갉아먹는 후박나무하늘소가 보호색 삼아 마음 놓고 살아갈 수 있을 테니까요.

잔뜩 기대를 했지만 좀처럼 녀석을 발견할 수 없었습니다. 후박나무 숲을 다 돌아다녀 봤지만 헛수고였습니다. 너무 일렀던 걸까요?

'천리 길을 마다 않고 달려왔는데…….'

맥이 탁 풀렸습니다. 사실 서울에 살면서 남해안에 서식하는 곤충을 관찰한다는 것이 말처럼 쉬운 일은 아닙니다. 그렇기 때문에 이번처럼 허탕을 치면 그 안타까움은 이루 말할 수 없답니다. 자칫 일년을 꼬박 기다려야 할지도 모르니까요.

후박나무의 새순.

이번 여행에서 하늘소를 만나지는 못했지만, 그렇다고 전혀 수확이 없었다고 말할 수는 없을 것 같습니다. 후박나무의 새순이 붉은빛을 띤다는 사실을 내 눈으로 직접 확인한 것만도 작지 않은 성과였지요. 이로써 후박나무하늘소가 입고 있는 빨간 옷의 비밀 한 가지를 알아낸 셈입니다.

그로부터 두 달이 조금 못 되었을 무렵 장마가 시작되었습니다. 후텁지근한 날들의 연속이었지요. 그러던 중 장마전선이 중부 지방에 머물며 남부 지방은 일시적으로 장마를 벗어났다는 일기예보가 있었습니다. 미루어 오던

숙제를 하기에 딱 좋은 기회였죠.

또다시 남쪽 바닷가의 후박나무 숲으로 향했습니다. 숲에 들어서는 나를 맞아준 것은 호들갑스러운 직박구리와 동박새, 그리고 수려한 외모와는 딴판으로 괴이한 소리를 내는 팔색조 들이었죠. 아니, 정확하게 말하자면 나를 맞아준 게 아니라 낯선 침입자를 경계했던 겁니다. 이맘때의 새들은 대부분 새끼들을 키울 때라 한참 예민해져 있답니다. 따라서 숲 속에서는 새들이 놀라지 않게 조심스럽게 행동해야 합니다.

남해안 숲 속에 후박나무만 있는 것은 아닙니다. 녹나무도 있고, 동백나무도 어우러져 있습니다. 그뿐만 아니라 키 작은 관목들이며 넝쿨들이 어우러져 있어서 숲 속을 돌아다니는 일이 말처럼 쉽지만은 않답니다. 특히 청미래덩굴은 가시로 옷이며 살갗을 잡아채기 때문에 걸핏하면 옷이 상하거나 피부에 상처가 나기 쉽습니다. 이래저래 숲 속에서는 조심하지 않을 수 없답니다.

숲 속은 한낮인데도 어두컴컴했습니다. 후박나무 가지들을 샅샅이 살피며 숲 속을 돌아다녔지만 내가 찾는 것을 발견하기가 쉽지 않았습니다. 바람도 잘 통하지 않는 숲 속에서 배낭과 촬영 장비를 메고 다니느라 어깨가 내려앉을 지경이었답니다. 그때였습니다. 나뭇잎이 갈라진 틈새로 엷은 빛이 스며드는 나뭇가지를 유심히 살피고 있을 때였죠. 나무의 중간 둥치쯤에서 어기적어기적 기어 내려오는 녀석이 있었습니다. 바로 후박나무하늘소였습니다.

알 낳을 침대를 폭신폭신하게 만들다

'희열'이라는 단어가 있습니다. 간절히 원하던 뭔가를 찾거나 이루었을 때 느끼는 기쁨과 즐거움을 나타내는 말이죠. 후박나무하늘소를 발견했을 때 내가 느낀 감정은 바로 희열 그 자체였습니다. 오랜 동안 녀석을 그리워만 해 오다가 이제야 만난 것입니다. 그뿐만이 아닙니다. 후박나무 새순과 하늘소의 몸통 색깔이 다르지 않음을 확인하는 순간이기도 했습니다.

후박나무 둥치를 느긋하게 기어 내려오는 녀석은 암컷이었습니다.

"흠! 암컷이로군."

내가 혼잣말로 중얼거리는 소리를 조카 영준이가 들었다면 틀림없이 이렇게 반문했을 겁니다.

"삼촌! 저 하늘소가 암컷인지 수컷인지 어떻게 알아?"

얼핏 봐서는 하늘소 암수를 구분하기가 쉽지 않습니다. 몸통 색깔이나 몸체의 크기가 별반 다를 것이 없으니까요. 그러나 찬찬히 살펴보면 특이한 점이 한 가지 있습니다. 바로 더듬이의 길이 차이죠. 암수 두 마리를 나란히 놓고 보면 수컷의 더듬이가 유난히 긴 것을 한눈에 알 수 있습니다. 반면에 암컷의 더듬이는 상대적으로 훨씬 짧지요.

그 녀석은 분명 암컷이었습니다. 암컷 하늘소는 갈라진 가지의 아랫부분을 물어뜯기 시작했습니다. 후박나무 겉

뽕나무 가지를 갉아먹고 있는 뽕나무하늘소를 촬영하는 모습입니다.

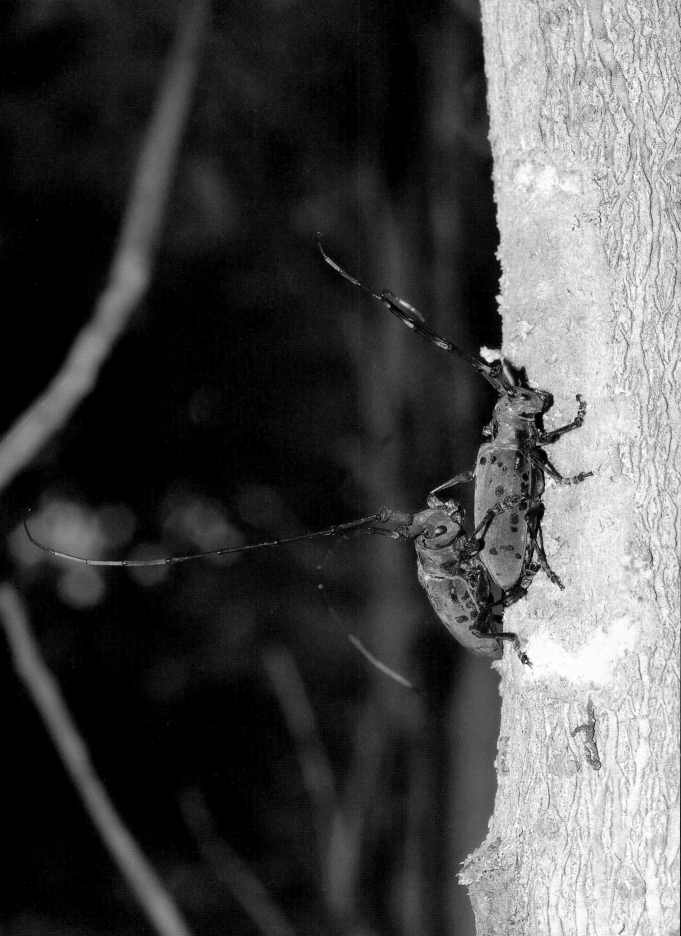

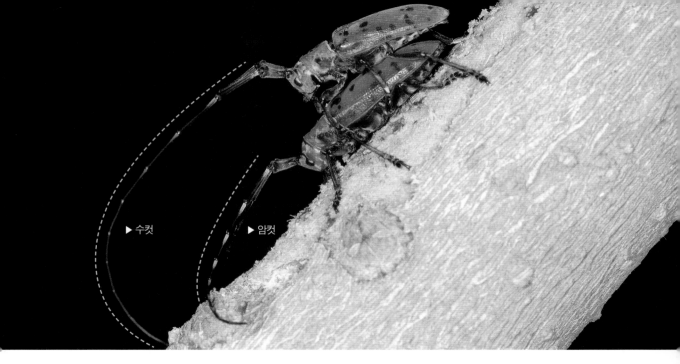

▶ 수컷　　▶ 암컷

껍질을 뜯어낸 다음 부드러운 속껍질을 잘깃잘깃 씹었습니다. 그것은 마치 에스키모(Eskimo)인들이 바다표범 가죽을 벗겨 말릴 때 무두질하는 모습과 매우 흡사했습니다. 가죽을 무두질하면 훨씬 부드러워질 뿐만 아니라 보푸라기가 일어서 공기층이 생기지요. 이 공기층이 가죽 안쪽을 따뜻하게 만듭니다. 후박나무하늘소도 이런 원리를 적용해 무두질로 산란터를 만들려는 것이었습니다.

한참 만에 하늘소의 무두질의 1단계 작업이 끝났습니다. 그곳에는 손가락보다 훨씬 길고 폭은 손가락 두 마디쯤 되는 널따란 터가 생겨났습니다. 암컷 하늘소는 사방을 돌아가며 무두질에 더욱 정성을 쏟았습니다. 그럴수록 더 보드라운 자리로 변해 갔습니다.

수컷이 나타난 것은 그러고 나서 얼마쯤 지났을 때입니다. 아마도 암컷이 물어뜯은 나무의 냄새를 맡고 다가온 듯했습니다. 겉껍질의 무두질은 자극적이지 않으면서 은근한 냄새를 진동시키거든요.

하늘소 암수를 구분하려면 먼저 더듬이의 길이를 비교해 봅니다. 암컷에 비해 수컷의 더듬이는 유난히 깁니다.

사랑을 간청하는 수컷 하늘소

후박나무하늘소 수컷은 공사중인 암컷에게 관심을 보이기 시작했습니다. 모든 수컷들이 그렇듯이 녀석도 암컷의 꽁무니를 따라다닙니다. 딴에는 구애의 의식이지요. 그러나 암컷은 수컷이 뭐라든 개의치 않고 묵묵히 제 할 일만 했습니다.

애가 달아오른 수컷의 몸놀림이 더욱 바빠지기 시작했습니다. 암컷의 등가슴에 올라타서는 열심히 턱을 문지르기도 했지요. 녀석의 간청인 셈입니다. 드디어 암컷이 승낙을 했는지 짝짓기를 시작했습니다. 후박나무하늘소는 짝짓기를 할 때 더듬이를 치켜세우는 버릇이 있습니다.

온 숲 속이 후박나무하늘소들의 수런거리는 소리로 가득 찬 듯합니다. 근처를 둘러보았더니 10쌍이 넘는 하늘소가 짝짓기를 하고 있었습니다. 그야말로 사랑의 계절이었던 게지요. 그런데 특이한 것은, 발견된 하늘소 모두가 암컷이 만든 산란터에서 짝짓기를 하고 있다는 점이었습니다. 그렇다고 해서 산란터에서만 짝짓기가 이루어진다고 단정할 수는 없겠습니다. 과학적 정의라는 것이 한 번의 관찰로 이루어지는 것은 아니니까요. 수많은 자료와 증거들을 검토하고 또 검토해야 비로소 하나의 결론이 나오는 법이랍니다.

폭신하게 무두질한 산란터에 알을 낳은 흔적(위)과 알의 모습(아래).

나무 위에서 지켜본 공동 산란터

숲 속을 돌아다니며 계속 하늘소들을 관찰했습니다. 그런데 나무 위에서 열심히 산란터를 만들고 있는 녀석을 한

수컷(위)이 짝짓기를 간청하지만 암컷(아래)은 아랑곳하지 않고 산란터 만들기에 열중합니다.

참 동안 바라보고 있으려니 목이 아파 오는 게 아닙니까.

'사다리라도 있으면 좋으련만……'

뭔가 방법을 찾아야 했습니다. 무턱대고 나무 위로 올라가자니 하늘소가 진동에 놀라서 달아나거나 땅으로 떨어질까봐 겁이 났습니다. 그렇다고 언제까지나 위로 쳐다보고만 있을 수도 없었습니다. 목에서 느껴지는 통증이 장난이 아니었거든요.

하늘소를 놀래키지 않고 나무 위로 올라가는 방법을 찾아야만 했습니다. 곰곰이 생각했지요. 드디어 결정했습니다. 그것은 해풍이 불어올 때 올라가는 방법이었습니다. 간간이 나무를 쓸고 가는 해풍이 나무에 진동을 주었지만, 하늘소는 여기에 별 반응을 보이지 않는 듯 보였습니다. 이것을 이용하면 될 것 같았습니다. 이윽고 바람이 불어 숲이 일렁이기 시작했고, 때맞추어 손을 뻗어 양손에 나뭇가지 하나씩을 잡고 서서히 몸을 끌어올렸습니다. 기계체

좋은 산란터를 물색하는 암컷

멀리서 남의 산란터를 보고 접근합니다.

남의 산란터에 무단으로 침입해 놓고도 당당하게 자기 자리를 지킵니다.

조 선수가 철봉 위로 몸을 밀어 올리듯이 말이죠. 나무에 전해지는 진동을 최소한으로 줄이면서 나무 위로 올라갔습니다. 다행히 하늘소가 눈치채지 못한 것 같았습니다.

세 갈래로 뻗은 가지 중 가장 굵은 가지 위에 몸을 걸쳤습니다. 그 가지 바로 아래에서 암컷 한 마리가 부지런히 밭을 일구고 있었거든요. 녀석은 내가 쳐다보거나 말거나 신경조차 쓰지 않는 듯했습니다. 묵묵히 제 할 일만 하고 있었습니다. 암컷이 나무껍질을 무두질하는 장면을 보노라면 마치 농부가 쟁기질하는 모습을 보는 듯하답니다.

바로 그때였습니다. 윗가지에서 또 다른 암컷 한 마리가 어슬렁어슬렁 내려오는 것이 아니겠습니까. 남이 애써 일구어 놓은 산란터를 빼앗으려는 수작일 테지요. 조만간 큰 싸움이 벌어질 것 같았습니다. 전운이 감도는 일촉즉발의 위기였지요.

아니, 그런데 이게 웬일입니까. 다른 암컷이 제 집에 들어와서 이리저리 기웃거리고 다니는데도 주인은 별로 개의치 않고 여전히 제 할 일에만 몰두해 있습니다. 그러자 새로 온 녀석은 한가운데에 자리를 잡습니다. 평평하고 폭신폭신한 곳을 골라 배 끝을 찔러 넣고는 알을 낳기 시작했습니다.

인심이 좋은 걸까요? 아니면 무신경한 걸까요? 어쨌든 녀석들은 사이좋게 산란터를 공유했습니다.

후박나무하늘소가 나무 껍질을 물어뜯는
모습은 농부가 쟁기질하며 밭을 일구는
모습을 떠올리게 합니다.

빛의 보호색과 하늘소의 의사행동

나무 위로 올라갈 때와는 달리 내려올 때는 나무에 전
해지는 진동을 어쩌지 못했습니다. 어쩌면 조심성이 떨어
진 탓인지도 모르겠습니다. 출렁 하고 나무가 한 차례 몸
부림을 하자 그 충격에 그만 하늘소 한 마리가 나무 아래
로 떨어지고 말았습니다.

땅바닥에 내려와 떨어진 하늘소를 찾았지만 쉬이 눈에
띄지 않았습니다. 잡다한 것들로 가득한 숲 바닥에서 보호
색을 띤 녀석을 찾는 것이 쉬운 일은 아니었지요. 게다가
또 한 가지 문제는, 하늘소는 땅에 떨어지면 다리를 잔뜩
움츠리고는 죽은 체한다는 것입니다. 이것을 '의사행동(疑
死行動)'이라고 하는데, 적의 공격이나 탐색으로부터 자신
을 지키려는 일종의 보신술이랍니다. 죽은 척 가만히 있음
으로써 적의 눈에 잘 띄지 않으려는 작전인 셈이죠.

아마도 후박나무하늘소의 유전인자 속에는 이런 문구가 새겨져 있는 모양입니다.

'공격이나 충격을 받으면 즉시 바닥으로 떨어져라! 그리고는 죽은 듯이 가만히 있어라!'

이것이 그들의 생존 전략인 것 같습니다. 바닥에는 자신들의 몸을 가려 줄 낙엽이나 나뭇가지들이 널려 있다는 사실을 잘 알고 있는 듯했습니다.

앞에서도 말했듯이, 후박나무의 새순은 붉은 갈색입니다. 나무 속에서 어른벌레로 겨울을 보낸 후박나무하늘소는 이듬해 봄에 나무를 뚫고 나오자마자 부드러운 새순을 갉아먹습니다. 그런데 새순은 언제나 나뭇가지의 끝 부분에서 돋아나는 것이므로, 그것을 먹자면 천적들의 눈에 띄기 쉽습니다. 특히 공중에서 내려다보는 새들에게는 이보다 좋은 표적이 없겠지요. 그래서 후박나무하늘소는 나무의 새순 빛깔을 닮은 붉은색 옷을 입기로 한 것입니다. 거기에다가 드문드문 검은 반점까지 박아 넣었으니 땅바닥을 굴러도 좀체 눈에 뜨일 염려가 없었답니다.

나무와의 전쟁

대부분의 하늘소 종(種)들은 썩은 나무이거나 죽어 가는 나무를 좋아합니다. 특히 갓 베어져 제재소에 쌓여 있는 나무토막들은 하늘소가 가장 좋아하는 서식처랍니다. 나무가 죽어 가면서 풍기는 수액 냄새를 맡고 다들 몰려드는 것이지요. 막 돋아나는 새순 향에 민감한 반응을 보이는 것은 그것을 먹이로 삼고 있기 때문이고, 갓 잘린 나무

손으로 건드리면 하늘소는 땅에 떨어져 죽은 듯이 가만히 있습니다(새똥하늘소).

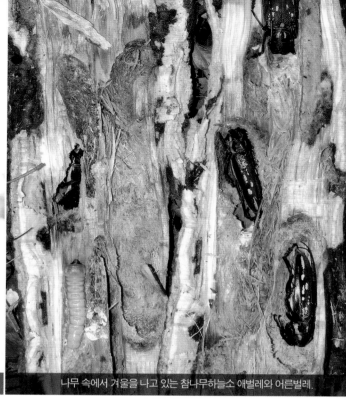

제재소에 쌓인 나무에서 짝짓기 중인 하늘소 한 쌍.

나무 속에서 겨울을 나고 있는 참나무하늘소 애벌레와 어른벌레.

향을 좋아하는 것은 그곳에 알을 낳기 위해서랍니다.

후박나무하늘소는 여느 하늘소들과 좀 다릅니다. 이 녀석은 살아 있는 나무에만 집을 짓습니다. 다른 하늘소들이 죽은 나무 속을 파고 들어가 집을 짓는 데 반해, 이 녀석은 살아 있는 후박나무만을 공략합니다. 그래서 사람들은 녀석을 해충으로 잘못 알고 있는 경우가 많습니다.

이들의 생활 모습을 더 자세히 관찰하기 위해 후박나무를 잘라 쪼개 본 적이 있습니다. 살아 있는 후박나무에는 수액이 많아 금세 시큼한 향이 사방에 진동했습니다. 예상했던 대로 쪼개진 나무 속에는 후박나무하늘소 애벌레들이 굴을 파고 들어앉아 있었습니다. 그런데 애벌레가 파고 들어가 있는 터널 부분만 시커멓게 변해 있을 뿐 전체적으로는 나무가 건강해 보였습니다.

살아 있는 나무는 자신의 몸에 상처가 나면 스스로 그

굴참나무 껍질에 산란터를 만드는 우리목하늘소. 보호색을 띠어서 좀처럼 구분하기 힘듭니다.

것을 치유하는 능력을 갖고 있습니다. 상처 부위에 수액을 분비해서 메워 버리지 않으면 박테리아 등으로부터 감염될 수도 있으니까요. 후박나무 역시 애벌레가 파고 들어간 자국을 메우려고 필사의 노력을 합니다.

그러면 후박나무하늘소 애벌레는 어떻게 할까요? 가만 있으면 나무 속에 갇히거나 조여 드는 나무껍질에 끼어서 죽어 버리고 말 텐데 말이지요. 방법은 맞서는 것뿐입니다. 나무와 전쟁을 벌이는 것이지요.

후박나무와 하늘소 애벌레 간의 전쟁을 제대로 이해하기 위해서는 먼저 나무의 조직에 대한 이해가 있어야 합니다. 대개 나무의 껍질(외곽) 부분에는 세포가 살아 있지만, 속살(중심) 부분은 세포가 죽은 상태입니다. 애벌레들은 처음에는 껍질 부분에 거처를 마련합니다. 그리고는 자꾸만 조여 오는 나무의 공격에 맞서 끊임없이 터널 보수 작업을 한답니다. 나무와의 전쟁을 벌이는 것이죠. 그러다가 조금씩 나무의 중심 부분, 즉 죽은 상태의 목질부로 이동합니다. 더 이상 나무의 공격을 받지 않는 안전한 곳을 찾은 셈입니다.

대개의 경우, 애벌레와 나무의 전쟁에서 승자는 애벌레들입니다. 녀석들은 때로 자신이 파 놓은 터널 근처의 물관부를 잘라내기도 합니다. 그러면 나무도 더 이상 애벌레를 공격하지 못하니까요. 그렇다고 해서 애벌레가 나무를 죽이는 것은 아닙니다. 그저 자신들이 거주하는 동안 안전을 보장받을 만큼만 최소한의 조치를 하는 거죠.

채찍처럼 생긴 더듬이가 달려 있는 하늘소는 어린 시절의 놀이 곤충으로 우리에게 친숙합니다. 하늘소는 위협을 느끼면 경계음을 냅니다. 가슴등판 속에 빨래판처럼 가로로 굵은 줄이 나 있는데, 이것을 딱지날개로 긁어서 소리를 냅니다.

천연기념물이 된 장수하늘소

우리나라에 사는 하늘소 중 가장 큰 것은 장수하늘소랍니다. 몸체의 길이가 거의 10센티미터에 이를 만큼 크고 두툼합니다. 이 녀석은 몸집이 큰 만큼 행동도 굼뜹니다. 그러다 보니 사람들한테 잘 잡힌다고 하는군요.

지금은 장수하늘소를 찾아보기가 어려워졌습니다. 크고 수려한 외모 때문에 많이 채집된 탓도 있지만, 그보다 더 큰 이유는 숲이 점점 사라지기 때문이랍니다. 그들의 먹이이자 서식처인 나무들이 자꾸만 베어지니까 장수하늘소의 숫자도 줄어들고 있습니다. 그래서 우리나라에서는 장수하늘소를 천연기념물 제218호로 지정하여 보호하고 있답니다.

강원도 춘천 근방에는 장수하늘소 발생 기념비가 세워져 있습니다. 원래는 소양강댐 수몰 지역에 있던 것을 옮겨 놓은 것인데, 초라한 모습이 보는 사람을 안타깝게 합니다. 이 비석이 장수하늘소의 추모비가 되지 않게 하려면 더 이상 산림을 파괴하지 말아야 합니다. 숲을 망치는 일은 이 아름다운 벌레를 우리 곁에서 영원히 멀어지게 하는 행위이니까요.

나는 후박나무하늘소를 언제까지나 볼 수 있기를 기대합니다. 빨간 옷을 예쁘게 차려입은 우리의 소중한 이웃을 다음해에도, 그 다음해에도 만날 수 있으면 좋겠습니다. 그러려면 남녘의 후박나무 숲을 그대로 보존하는 일이 우선되어야겠지요.

강원도 춘천시에 있는 장수하늘소 발생 기념비(위)와 위풍당당한 장수하늘소 수컷(아래. 전시회 표본).

여러 종류의 하늘소

모자주홍하늘소(위)와 먹주홍하늘소(아래)의 짝짓기.

삼하늘소 · 우리목하늘소 · 참나무하늘소

짝지하늘소 · 작은청동하늘소 · 산꽃하늘소

육점박이하늘소 · 벚나무사향하늘소 · 모시긴하늘소(무궁화하늘소)

작은소범하늘소 · 흰염소하늘소 · 노란줄점하늘소

하늘소

남색초원하늘소

노란띠하늘소

북방깨다시하늘소

북방수염하늘소

사과하늘소

새뚱하늘소

긴알락꽃하늘소

큰우단하늘소

작은하늘소

먹주홍하늘소

알락수염하늘소

털두꺼비하늘소

참풀색하늘소

밤색하늘소

점박이염소하늘소

청줄하늘소

호랑하늘소

화살하늘소

오이하늘소

통사과하늘소

범하늘소

뽕나무하늘소

먹국화하늘소

반디의 곤충연구실

참나무하늘소의 탈출 과정

① 애벌레가 파 놓은 나무 부스러기.
② 나무 속 종령 애벌레.
③ 참나무를 자른 단면. 겨울나기를 하고 있는 참나무하늘소와 애벌레(12월).
④ 따뜻해지기를 기다리는 나무 속의 참나무하늘소.
⑤ 나무에서 빠져나오는 참나무하늘소.
⑥ 앞다리를 내밀고 안간힘을 쓰고 있습니다.
⑦ 빠져나온 구멍. 예리한 드릴로 뚫은 것처럼 깔끔합니다.

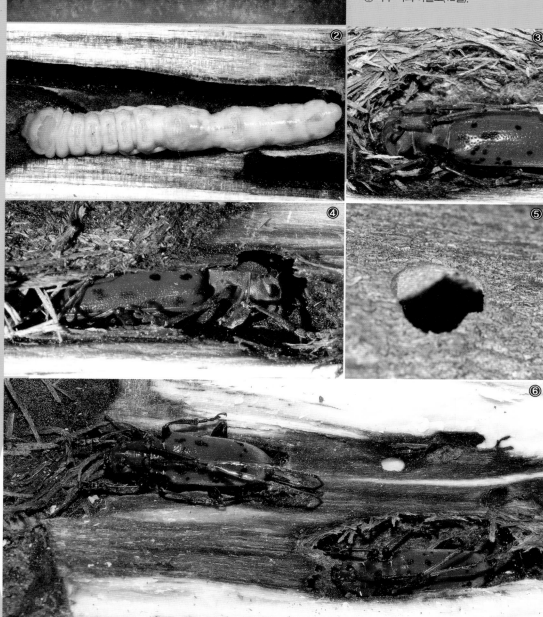

후박나무하늘소의 겨울나기

① 살아 있는 나뭇가지 속에 든 애벌레 .
② 이동을 위해 널찍하게 통로를 만듭니다 .
③ 애벌레들이 습도를 유지하기 위해 물어뜯은
　나무 부스러기가 옆에 쌓여 있습니다 .
④ 따뜻해지기를 기다리는 하늘소 .
⑤ 탈출 구멍 .
⑥ 나무 속의 하늘소(12월).

3

흙을 빚는 도예가

큰 호 리 병 벌

Oreumenes decoratus

- 학 명 : 호리병벌 (*Oreumenes decoratus*)
- 과 명 : 벌목 호리병벌과
- 어른벌레 관찰 시기 : 6월~10월
- 겨울나기 : 애벌레

* 본문에 등장하는 큰호리병벌이라는 명칭은 호리병벌의 종류에서 혼동의 우려가 있어 저자가 임의로 붙인 것입니다(호리병벌 → 큰호리병벌).

몸 길이 25밀리미터로 우리나라 호리병벌류 중에서 몸집이 가장 큽니다. 침으로 흙을 반죽해 진흙집을 짓는데, 보통 2~7개의 방을 만듭니다. 그리고 애벌레의 먹이로 방마다 5~10마리의 자벌레를 사냥하여 넣어 둡니다. 어른 벌레는 6~10월에 많이 나타나며, 특히 8~9월에 주로 목격됩니다. 진흙집에서 번데기가 되기 직전인 종령 애벌레의 상태로 겨울나기를 합니다.

둥지의 이음새를 메우기 위해 흙을 물어 오는 호리병벌. 이음새에 작은 공간이라도 남아 있으면 그곳으로 기생벌이 침입하기 때문에 꼼꼼히 틈새를 메웁니다.

늦여름의 미장이 일꾼을 찾아서

흙집을 호리병 모양으로 짓는다고 해서 호리병벌이라는 이름을 얻었습니다.

어느 날인가 조카 우현이가 작은 물병 하나를 가지고 왔습니다. 도요지 견학을 갔다가 실습 코너에 참여해서 자신이 직접 만든 거라며 자랑을 했습니다. 유약도 바르지 않은 투박한 질그릇이긴 했지만, 제법 모양이 났습니다. 우현이는 자신이 예술의 대가라도 된 양 종일 우쭐대곤 했지요.

예술이란 무엇일까요? 국어사전을 찾아보면 '아름다움을 창조해 내는 활동'이라고 되어 있습니다. 그러면 예술 활동은 인간만이 할 수 있는 고유의 능력일까요? 곤충들의 세계를 연구하다 보면 꼭 그렇지만은 않은 것 같다는 생각이 듭니다. 기하학적인 모양의 거미줄을 짜는 왕거미나 정교한 육각형 벌집을 만드는 꿀벌들의 재주를 두고 그저 본능에 충실한 것일 뿐이라는 말 한마디로 지나치기에는 너무 아쉬운 점이 있습니다. 이 밖에도 자연 속에서 찾아볼 수 있는 뛰어난 예술품들을 목록으로 만들어 보는 것도 재

흙을 뭉치고 있는 큰호리병벌.

미있을 것 같군요.

곤충의 세계에는 예술의 대가들이 많지만, 지금부터 소개하려고 하는 이 녀석보다 훌륭한 도예가를 찾기란 쉽지 않을 겁니다. 맞춤한 흙을 찾아내어 물어 와서는 차곡차곡 쌓아 올리며 항아리를 빚는 녀석을 보면 영락없는 도공의 모습이지요.

이 녀석은 다름 아닌, 바로 큰호리병벌이랍니다. 누구나 짐작할 수 있듯이, 호리병 모양의 흙집을 짓는 데서 유래한 이름이랍니다. 가늘게 뽑아 올린 주둥이며 펑퍼짐한 몸체의 곡선은 마치 TV에서 볼 수 있는 값비싼 골동품 같습니다.

지루한 장마가 끝나고 8월의 땡볕이 내리쬐기 시작하면 큰호리병벌들도 바빠지기 시작합니다. 무엇이든 잘 마르는 이때가 집짓기에 딱 좋은 시기이니까요. 이맘때쯤에는 동네 놀이터에서도 녀석들을 심심찮게 찾아볼 수 있답니다. 자, 그러면 큰호리병벌을 찾아서 슬슬 나가 볼까요?

큰호리병벌 암컷 한 마리가 마침 놀이터 한 구석에서 침을 섞어 가며 부지런히 흙을 뭉치고 있었습니다. 적당한 크기로 뭉친 흙 경단을 턱에 괴어 앞다리로 감싸안고는 날아갔습니다. 하늘 높이 치솟는가 했더니 방향을 바꾸어 쏜 살같이 날아가더군요. 그리고 한참 후에 똑같은 곳으로 날아와 똑같은 작업을 하고는 똑같은 곳으로 날아갔습니다.

질그릇을 빚는 수줍은 사냥꾼

흙을 물어 가는 큰호리병벌을 찾기는 쉬워도 녀석들의 집을 찾기란 쉽지 않습니다. 큰호리병벌은 보기와 달리 어찌나 조심성이 많고 수줍음을 많이 타는지, 사람들 눈에 잘 띄지 않는 은밀한 곳에다가 집을 짓기 때문이지요.

큰호리병벌은 대개 바위나 나뭇가지에 집을 짓습니다. 돌담이나 바위의 움푹 들어간 곳을 잘 살펴보면 녀석들의 예술적인 건축물을 찾을 수 있습니다. 나무에 붙여 지은

돌기둥에 지은 큰호리병벌의 집.

바위에 붙여 지은 큰호리병벌의 집.　　　풀숲에 가려진 큰호리병벌의 집.

집은 나뭇잎에 가려져 있는 경우가 많아 찾기가 정말 어렵답니다.

　집 짓는 데 쓰인 흙의 종류나 색깔도 여러 가지입니다. 붉은 황토흙을 사용하기도 하고, 드물게는 흰색 계열의 모래흙을 사용하기도 합니다. 흰 모래로 쌓아 올린 큰호리병벌 집을 화강암 바위에 붙여 놓으면 그야말로 완벽한 보호색인 셈이죠. 또한 그것은 우아한 백자 항아리 그 자체랍니다. 지금까지 내가 찾은 호리병 중에서 백자 항아리를 본 것은 단 세 번뿐입니다.

　큰호리병벌 집을 찾을 때는 햇빛이 비치는 방향도 고려해야 합니다. 뜨거운 볕이 내리쬐는 정남향은 일찌감치 포기하는 것이 좋습니다. 벌이 황토 찜질방을 좋아하지는 않을 테니까요. 동남향이거나 서남향이라면 가능성이 있습니다. 게다가 풀잎이나 나뭇잎으로 적당히 가려진 곳이라면 더욱 좋겠지요. 그런 곳은 뜨거운 햇볕과 적의 눈으로부터 보호받을 수 있는 천혜의 요새인 셈이지요.

　곤충을 관찰하는 일은 마치 스토커와도 같답니다. 끊임없이 따라다니며 훔쳐보아야 하기 때문이죠. 그렇기 때문에 엄청난 끈기와 참을성이 있어야 합니다.

　큰호리병벌이 조심성 많은 친구라는 사실은 앞서 말한 바 있습니다. 만약 녀석을 좀더 잘 보려고 집 앞에 있는 풀을 뽑는다거나, 집 짓는 모습이 신기하다고 너무 노골적으로 들여다보거나 하다가는 낭패를 보게 됩니다. 즉시 집짓기를 포기하고 다른 곳으로 떠나 버리기 때

흙을 뭉치고 있는 큰호리병벌.

문이지요. 설령 공사가 거의 끝나서 완공을 눈앞에 둔 경우라도 마찬가지입니다. 미련 없이 영원히 떠나 버리고 맙니다. 큰호리병벌의 이런 결벽증을 미처 알지 못해 관찰 기회를 송두리째 날린 적이 한두 번이 아니랍니다.

흙집을 짓는 큰호리병벌

큰호리병벌은 집을 짓기 전에 먼저 흙을 고릅니다. 한동안 채굴할 흙 광산을 정하는 일은 까다로운 과정을 거칩니다. 흙이라고 해서 아무 것이나 다 재료가 될 수는 없습니다. 알갱이의 크기가 일정하고, 너무 무르지 않아야 합니다. 흙 고르는 일이 얼마나 세심하고 꼼꼼한지 도공과 비교해도 손색이 없을 정도랍니다. 큰호리병벌은 일단 흙을 정하고 나면 그 한 가지 흙만을 사용합니다. 따라서 일정한 장소만 계속 찾아오게 되죠.

아무리 솜씨 좋은 일꾼이라도 마른 흙을 뭉치기란 쉽지 않습니다. 그래서 큰호리병벌은 자신만의 기발한 방법을 고안해 냈습니다. 턱 밑에서 분비되는 타액, 즉 침을 이용하는 것이죠. 침은 접착제와 같은 역할을 해서 흙이 잘 뭉쳐지게 한답니다. 큰호리병벌은 침을 섞어 가며 흙을 차지게도 갭니다. 그런 다음 콩알만한 크기의 흙 경단을 만들어 턱과 앞발 사이에 끼우고는 집터를 향해 날아갑니다.

집터를 고르는 일도 여간 깐깐하지 않답니다. 큰호리병벌은 바위의 움푹 들어간 부분을 특히 좋아하는데, 그 이유는 아마도 천적의 눈에 잘 띄지 않는다는 것과 비바람의 영향을 받지 않는다는 데 있는 것 같습니다.

집짓기 공사에 열중하고 있는 큰호리병벌.

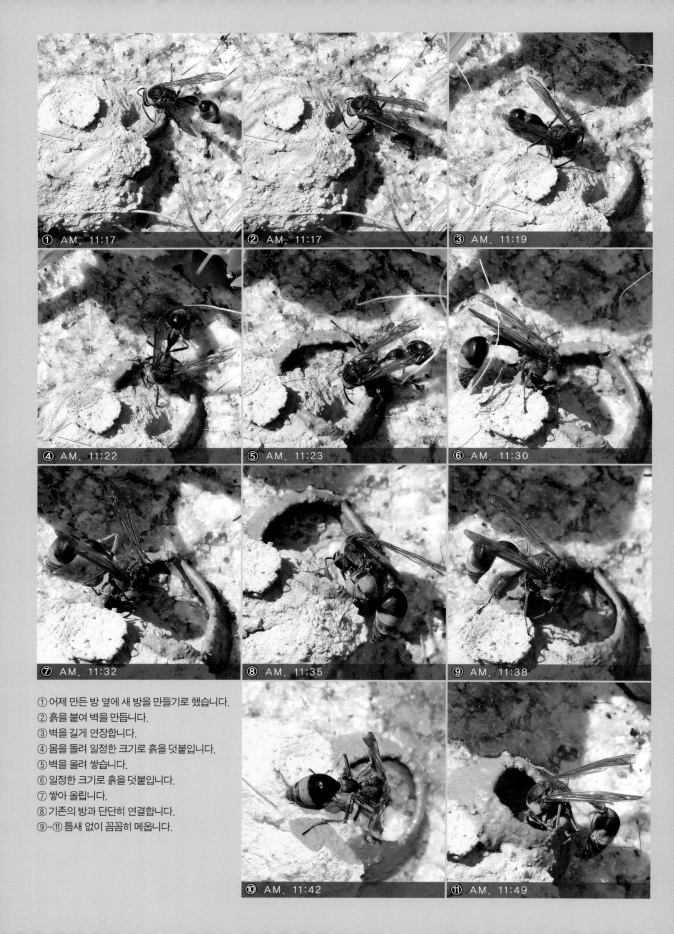

① 어제 만든 방 옆에 새 방을 만들기로 했습니다.
② 흙을 붙여 벽을 만듭니다.
③ 벽을 길게 연장합니다.
④ 몸을 돌려 일정한 크기로 흙을 덧붙입니다.
⑤ 벽을 올려 쌓습니다.
⑥ 일정한 크기로 흙을 덧붙입니다.
⑦ 쌓아 올립니다.
⑧ 기존의 방과 단단히 연결합니다.
⑨~⑪ 틈새 없이 꼼꼼히 메웁니다.

⑫ PM. 12:01
⑬ PM. 12:02
⑭ PM. 12:04
⑮ PM. 12:07
⑯ PM. 12:08

⑫ 방 크기 조절을 끝냈습니다.
⑬ 둥지 입구를 만듭니다.
⑭ 턱과 앞발을 손처럼 사용합니다.
⑮ 둥지 입구 마무리 공사.
⑯ 흙이 마른 정도를 살피고 있습니다.
⑰ 흙이 약간 마르면 알을 낳습니다.

⑰ PM. 12:09

큰호리병벌은 일단 방 하나를 만든 다음 방 위쪽에 알을 하나 붙여 둡니다. 그리고는 그 속에 자벌레를 잡아다 넣습니다. 그렇게 하면 혹시라도 마취가 덜 된 자벌레가 꿈틀거리다가 알을 다치는 일을 예방할 수 있기 때문이지요. 그리고는 입구를 단단히 봉해 버립니다. 천적들로부터 알을 보호하기 위해서입니다.

이런 식으로 일정한 크기의 방들을 덧붙여서 집을 완성합니다. 대개는 하루에 방 하나씩, 그리고 알 하나씩을 낳는데, 여기에도 심오한 계산이 깔려 있답니다.

자벌레 사냥꾼

큰호리병벌은 알에서 깨어난 애벌레에게 먹일 식량을 준비하기 위해 사냥을 떠납니다. 사냥 목표는 자벌레입니다. 한 뼘 한 뼘 자를 재듯이 기어간다고 해서 이름 붙여진 자벌레는 자나방의 애벌레인데, 마치 털 없는 송충이처럼 생겼습니다. 큰호리병벌은 일단 자벌레가 많이 사는 들깨밭이나 코스모스 위를 순찰하듯이 비행합니다. 그리고 목표물을 발견하면 쏜살같이 달려들어 자벌레의 목덜미를 물고는 옆구리에 사정없이 침을 한 방 놓는답니다. 놀란 자벌레는 땅바닥으로 굴러 떨어집니다. 물론 큰호리병벌은 이때까지 자벌레를 꼭 물고 놓지 않지요.

큰호리병벌은 알을 항상 위쪽 벽에 붙여 둡니다. 혹시 자벌레가 마취에서 깨어나 꿈틀거리면 알이 다칠 수도 있으니까요.

큰호리병벌은 마취 당한 자벌레를 가져다가 자기가 알을 낳아 놓은 방에 몇 마리씩 넣어 둡니다. 그러면 알에서 깨어난 큰호리병벌 애벌레가 먹어 치울 때까지 마취된 자벌레는 움직이지 못하지만 살아 있게 됩니다. 아마도 싱싱

큰호리병벌의 흙집 내부 모습.

흙집 안을 살펴보면 호리병벌이 집을 짓는 데 얼마나 정성을 쏟는지 알 수 있습니다.

대부분의 방은 부피가 비슷하고, 각 방마다 애벌레가 먹기에 적당한 양의 자벌레를 채워 넣습니다. 또한 방을 한꺼번에 만들지 않고 차례로 시차를 두고 만듭니다. 그래야만 기생을 당할 경우 일부라도 애벌레가 살아남을 확률이 높기 때문입니다.

나뭇가지에 붙어 있는 자벌레(위)와 큰호
리병벌의 자벌레 사냥 모습(아래).

한 먹이를 먹이려는 어미 벌의 배려이겠지요. 놀랍지 않
습니까? 정말이지, 알면 알수록 곤충의 세계는 신기한 일
들로 가득 차 있답니다.

큰호리병벌이 방 하나에 몇 마리의 자벌레를 넣어 두는
지 알아보기 위해 갓 지은 집을 잘라 보기로 했습니다. 벌
에게는 미안한 일이지만, 실험을 위해서는 불가피한 측면
도 있으니까요. 속에 든 애벌레가 다치지 않도록 얇은 칼
날에 물을 적셔 가며 조심스레 벌집을 잘라 냈습니다. 그
런데 이게 웬일일까요? 방마다 들어 있는 자벌레의 숫자
가 달랐습니다. 어떤 방에는 네 마리도 들어 있고, 또 어
떤 방에는 여덟 마리, 열 마리까지 들어 있었습니다. 큰호
리병벌이 숫자를 세지 못해 아무렇게나 넣어 놓은 걸까요?
그러고 보니 마릿수와는 상관없이 거의 일정한 부피였습
니다. 방 하나하나의 크기는 거의 일정했는데, 방마다 약
80%의 공간을 자벌레로 채웠던 것이죠. 예를 들면, 큰 자
벌레는 네다섯 마리, 작은 자벌레는 예닐곱 마리, 이런 식
으로 큰호리병벌은 숫자가 아니라 부피 계산을 하는 것
같았습니다.

침입자들

제아무리 조심성 많고 철두철미한 성격의 큰호리병벌
일지라도 침입자를 완벽하게 따돌릴 수는 없는 모양입니
다. 큰호리병벌을 괴롭히는 녀석들로는 기생파리와 왕청
벌, 그리고 검둥긴꼬리뾰족맵시벌 등이 있습니다. 이들은
모두 기생 곤충인데, 큰호리병벌이 지어 놓은 집을 찾아

① 왕청벌의 모습. 왕청벌은 보석처럼 아름다운 몸 색깔을 지녔습니다. 이렇게 아름다운 녀석이 남의 집에 기생을 한다니 믿기 어려운 일입니다.
② 큰호리병벌 집의 취약한 곳을 찾아 입으로 물어뜯고 있습니다.
③ 입으로 뜯어낸 자리에 드릴 같은 산란관을 꽂아 넣습니다.
④ 산란을 하고 있습니다.
⑤ 한 지붕 두 가족. 기생당한 왼쪽 방에는 왕청벌 번데기가, 기생당하지 않은 오른쪽 방에는 큰호리병벌이 자라고 있습니다.

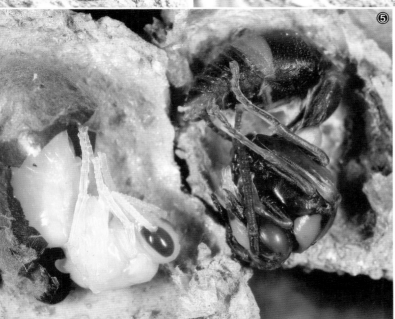

검둥긴꼬리뾰족맵시벌이 큰호리병벌 집에 기생하기 위해 침입했습니다. 집주인이 바로 옆에 있는데도 아랑곳하지 않고 산란관을 찔러 넣고 있습니다.

내서는 그 속에 자신의 알을 낳습니다. 그러면 그 애벌레들이 사냥물과 큰호리병벌 애벌레를 잡아먹곤 하죠. 그 중에서도 왕청벌이 가장 무서운 존재랍니다.

왕청벌은 큰호리병벌의 집만을 노립니다. 외벽을 입으로 물어뜯고 꽁무니로 찌르고 해가며 큰호리병벌 애벌레가 들어 있는 방 안에다가 자신의 알을 낳아 놓습니다. 특히 녀석의 꽁무니에는 흙벽을 뚫을 수 있는 강력한 드릴과 같은 산란관이 있습니다. 일단 벽이 뚫리고 나면 큰호리병벌로서는 속수무책이죠. 사나운 왕청벌은, 덩치만 컸지 순진하기 짝이 없는 큰호리병벌을 내쫓고 주인 행세까지 합니다. 그러면 큰호리병벌은 집 주변을 안타깝게 맴돌 뿐입니다.

큰호리병벌의 알에서 애벌레가 깨어나 자벌레의 체액을 빨기 시작하면, 얼마 후 왕청벌 알도 뒤늦게 깨어납니다. 그리고는 큰호리병벌 애벌레를 공격하기 시작합니다. 결과는 어떻게 되었을까요? 승리는 언제나 왕청벌의 몫입니다.

큰호리병벌 집에 여섯 개의 방이 있으면, 그 중 두세 개에서는 큰호리병벌이 깨어납니다. 한 개는 왕청벌의 차지가 됩니다. 나머지 두세 개의 방에서는 죽은 애벌레가 발견됩니다. 이런 사실로 미루어 보면, 큰호리병벌은 이 모든 것들을 다 염두에 두고 있는 듯합니다. 그래서 시간 차이를 두어 하루에 한 개씩 방을 만들었던 것 같습니다. 한번에 방을 다 만들어 알을 낳으면 왕청벌에게 한꺼번에 모두 점령당할지도 모르니까요.

겨울에 만난 큰호리병벌의 집. 먼저 산란한 왕사마귀 알집 위에 둥지를 틀었습니다. 지형 지물을 이용하는 지혜가 돋보입니다.

꽃 위에 앉은 큰호리병벌 암컷.

흙덩이를 뭉치고 있는 암컷에게 달려들어 구애하는 수컷. 우선 몸
통을 단단히 잡고 목덜미를 물고 봅니다.

흙 위에서 이루어지는 찰나의 사랑

지금까지 보았듯이, 큰호리병벌을 뛰어난 예술가로 소개해도 조금도 모자람이 없습니다. 질그릇을 빚는 솜씨며, 자벌레를 정확히 마취시키는 놀라운 침술에 감탄하지 않을 사람은 없을 테니까요. 그런 그들의 사랑은 또 얼마나 멋질까요. 아주 낭만적인 장면 하나쯤 기대해도 좋겠죠?

운 좋게도 나는 그들의 짝짓기 장면을 목격하고 촬영까지 할 수 있었습니다. 자신이 점찍어 놓은 흙 광산에서 부지런히 작업 중인 큰호리병벌 암컷을 관찰하던 중이었답니다. 어디선가 수컷 한 마리가 쌩 하고 날아오더니 암컷 등에 달라붙는 게 아니겠습니까. 아주 짧은 순간이었습니다. 그리고 암컷 등에서 떨어져 나온 수컷은 휑하니 날아가 버렸습니다.

너무나 순식간에 일어난 일이라, 녀석들에게 다시 한 번만 더 보여 달라고 사정이라도 하고 싶은 심정이었습니다. 기대했던 우아하고 예술적인 장면 비슷한 것조차 없었습니다. 큰호리병벌의 사랑은 번갯불에 콩 구워 먹는 사랑이었답니다.

그러나 한편으로 생각해 보면 아쉬워할 것도 없습니다. 그들은 그 작은 몸으로 열심히 살아가고 있습니다. 질그릇을 빚고, 자벌레를 찾아 들판을 헤매고, 천적들과 싸워 가며 하루하루 최선을 다해 살아가는 그들에게는 짝짓기 시간조차 아까웠던 것인지도 모릅니다. 그런 그들의 삶의 방식에 사람이 불쑥 끼어들어 이러쿵저러쿵한다면 별로 아름다운 일은 아니겠지요?

점호리병벌의 짝짓기 모습. 호리병벌의 수컷들은 대부분 이마가 희끗하게 생겼습니다. 암컷과 다른 점이지요.

반디의 곤충연구실

도전! 호리병벌 애벌레 키우기 - 민호리병벌

자벌레의 수를 파악하려고 호리병벌의 집을 부쉈습니다. 파헤친 벌집을 모두 집으로 가져와서는 작은 공간에 넣어 키우기로 작정했답니다. 그런데 문제가 생겼습니다. 흙집이 없으니까요. 습도와 온도를 알맞게 해주려면 흙집이 필요하답니다. 흙집을 만들 수밖에요. 하지만 호리병벌의 흙집은 아무나 만들 수 있는 게 아니었습니다. 걱정이 되었지만 그렇다고 포기해서도 안 될 일이었지요. 알이 곧 깨어날 테니까요.

먼저 곱고 마른 흙을 준비했습니다. 그리고는 문방구에서 구할 수 있는 접착용 물풀을 사용해 핀셋으로 하나하나 붙이기로 했답니다. 처음엔 약간 서툴렀지만 그런 대로 집 모양은 되었습니다. 일정한 두께와 크기로 만드는 것은 불가능했습니다. 그래서 방을 약간 크게 했답니다.

준비물 : 플라스틱 상자, 풀, 핏셋, 고운 흙

흙집을 투명한 플라스틱 상자의 모서리에 붙였습니다. 그래야 흙의 양도 줄이고 3면의 밖에서 방 안을 들여다볼 수 있으니까요. 몇 시간이 지나자 흙이 말랐습니다. 방에 마취된 자벌레를 넣고 그 위에 알을 올려놓았습니다. 그리고 입구를 흙으로 막았습니다. 외벽을 모두 막지 않고 플라스틱 뚜껑으로 닫아 두었답니다.

한번은 마취되지 않은 자벌레를 잡아 넣은 적도 있었지요. 들깨 밭에서 잡은 자벌레는 마취되지 않은 탓인지 알이 있는 방 안에서 이리저리 요동을 쳤습니다. 그 때문에 알 하나가 깨져 버렸지요. 설령 알이 깨지지 않고 애벌레가 태어나더라도 먹이를 먹지 못했습니다. 자벌레를 먹기 위해 물려고 하면 성난 자벌레가 몸부림을 쳤기 때문에, 애벌레는 겁에 질려 결국은 굶어죽을 수밖에 없었지요.

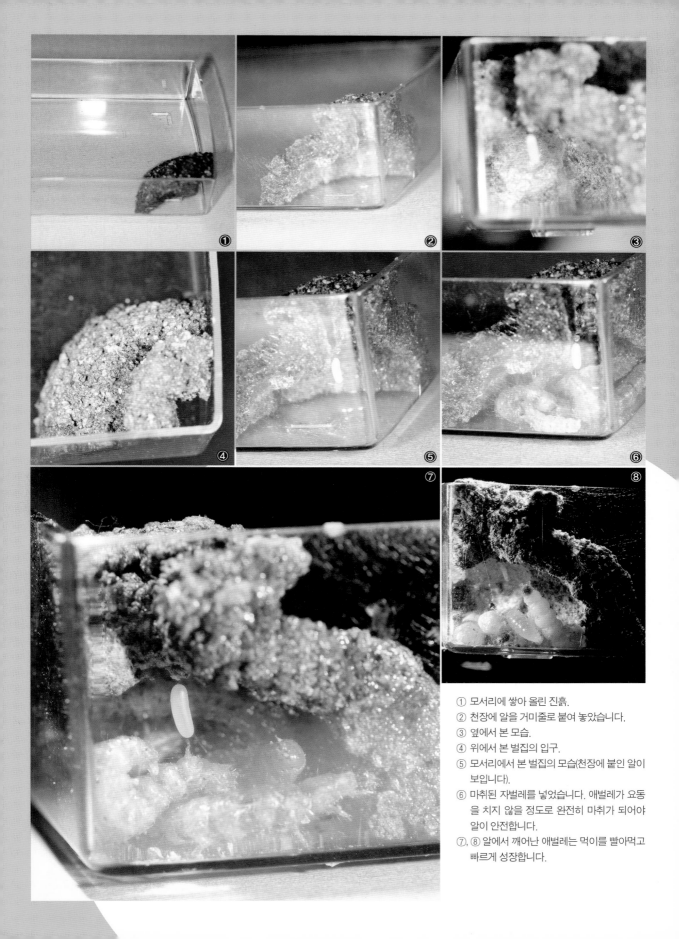

① 모서리에 쌓아 올린 진흙.
② 천장에 알을 거미줄로 붙여 놓았습니다.
③ 옆에서 본 모습.
④ 위에서 본 벌집의 입구.
⑤ 모서리에서 본 벌집의 모습(천장에 붙인 알이
  보입니다).
⑥ 마취된 자벌레를 넣었습니다. 애벌레가 요동
  을 치지 않을 정도로 완전히 마취가 되어야
  알이 안전합니다.
⑦, ⑧ 알에서 깨어난 애벌레는 먹이를 빨아먹고
  빠르게 성장합니다.

4

하늘의 무법자

왕 잠 자 리

Anax parthenope julius

- 학 명 : 왕잠자리 (*Anax parthenope julius*)
- 과 명 : 잠자리목 왕잠자리과
- 어른벌레 관찰 시기 : 7월~10월
- 겨울나기 : 애벌레

왕잠자리는 날개 길이 51~55밀리미터, 배 길이 53~57밀리미터의 대형종으로, 우리나라 전역의 크고 작은 연못에 대부분 살고 있습니다. 수컷은 저수지 일부를 자기 영역으로 정해 놓고, 영역 안에 알을 낳으러 들어온 암컷을 만나 짝짓기를 합니다. 알은 주로 물가에 난 풀줄기에 낳는데, 주사기 바늘처럼 생긴 암컷의 산란관이 식물 조직을 뚫고 그 속에 알을 찔러 넣습니다.

아파트 공사장을 유유히 비행하는 된장잠자리. 왔다갔다하는 이들의 비행에는 일정한 패턴이 있습니다.

살아 있는 화석으로 불리는 잠자리

로마 시대의 붕괴를 실감했던 히에로니무스(Hieronym-us)는 이렇게 말했습니다.

"우리 시대의 멸망을 이야기하려 하니 내 영혼은 그지 없이 떨려 온다. 로마 세계는 이제 바야흐로 멸망해 가고 있다. 그러함에도 우리는 머리를 떨어뜨리기는커녕 오히려 오만스럽게 쳐들고 있다."

문명은 흥망과 성쇠를 거듭합니다. 하나의 문명이 쇠퇴하면 또 다른 문명이 탄생합니다. 그것이 같은 땅 위에서 이루어진 것이라면 조금이라도 영향을 받지 않을 수 없습니다. 우리가 먼 옛날 조상들의 모습을 닮듯이 말이지요.

까마득한 옛날에 하늘을 날며 번성하던 곤충 무리가 있었습니다. 그러다가 어느 순간 로마 제국처럼 갑자기 멸망해 버렸습니다. 그리고는 진화된 무리가 나타나 새로운 제국을 세웠습니다.

　잠자리는 살아 있는 화석으로 불립니다. 잠자리의 조상은 약 3억 년 전인 고생대 석탄기에 이미 존재했었다고 알려져 있습니다. 하지만 이 시기의 잠자리들은 약 2억 년 전쯤에 모두 멸종되어 화석의 형태로만 발견됩니다. 오늘날의 잠자리들은 약 1억5천만 년 전에 태어난 잠자리의 자손입니다.

　현재 우리나라에 서식하고 있는 잠자리는 100종이 넘습니다. 그 중에서 가장 큰 것은 장수잠자리입니다. 그러나 이들을 직접 만나기란 쉬운 일이 아닙니다. 그늘을 좋아하고 또 숲에 가려진 얕은 개울물을 즐겨 찾는 그들의 습성 때문이지요. 큰 잠자리 종들 중에서 쉽게 만날 수 있는 것은 왕잠자리류인데, 이들 무리는 몸에 아름다운 색깔을 지니고 있습니다.

　왕잠자리의 몸 구조를 보면 신기한 것이 한두 가지가 아닙니다. 큼지막한 머리는 철모를 쓴 군인의 모습 같습니다. 커다란 눈은 수만 개의 낱눈이 모여서 겹눈이 된 것인

메가네우라 (Meganeura) 상상도.
화석으로 발견되는 옛 잠자리 메가네우라는 편 날개 길이가 70센티미터에 달했다고 합니다.

데, 사물을 정확하게 보는 것은 물론, 색깔 구분까지 할 수 있다고 하는군요. 이 눈으로 모기처럼 작은 곤충도 쉽게 찾아내서 잡아먹을 수 있습니다. 왕잠자리의 날개는 4장으로 구성되어 있는데, 보기에는 얇고 가냘픈 듯하지만 날개맥이 있어서 매우 질기답니다. 또 잠자리는 날면서 사냥을 하는데, 긴 다리에는 날카로운 가시처럼 생긴 털이 나 있어서 하루살이 같은 먹이를 공중에서 움켜잡을 수 있습니다. 긴 다리를 모두 모으면 길쭉한 대바구니 같은 모양이 되어 어렵지 않게 사냥을 할 수가 있답니다.

잠자리의 비행술은 어느 곤충도 따라올 수 없을 정도로 뛰어납니다. 항공기를 만들 때도 잠자리의 비행술을 연구할 정도이니까요. 잠자리는 하루살이와 함께 고시류(古翅類, Palaeoptera)로 분류되는데, 이들은 더 이상 진화할 필요가 없기 때문에 1억5천만 년 전의 모습을 그대로 간직하고 있는 것이랍니다.

어린 시절 연못가에서

내가 어릴 적 살던 고향의 산 속에는 연못이 하나 있었습니다. 한쪽 곁에는 수백 년 묵은 아름드리 상수리나무가 우뚝 솟은 아름다운 곳이었지요. 4월 중순경이면 이곳에서 갈대숲을 찾아오는 먹줄왕잠자리를 볼 수 있습니다. 작은 밭으로 이어지는 양지바른 길가에는 막 허물벗기를 끝낸 가시측범잠자리 수백 마리가 몸을 말리고 있었지요. 녀석들을 잡으려고 조심조심 다가가면 어느새 인기척을 알아채고는 슬쩍 한 걸음 비켜나며 약을 올리곤 했답니다.

잠자리 날개.
우리 말의 비유법 중에 '잠자리 날개 같다'는 말이 있습니다. 옷감이 얇아서 하늘하늘해 보이는 경우를 일컫는 말이지요. 그러나 실상 잠자리 날개는 수많은 날개맥으로 연결되어 있어 매우 질기답니다. 잠자리와 하루살이는 날개를 접을 수 없다하여 '고시류'로 분류하고 있지만, 그렇다고 이들 날개의 기능이 떨어진다는 뜻은 아닙니다.

뾰족한 부들 잎이 자라나는 6월이 되면 물가 풍경은 평화로우면서도 한층 아름다웠습니다. 수초 사이에 둥지를 튼 논병아리 울음소리가 호루라기처럼 울려 퍼질 때쯤이면 연못은 온통 잠자리들의 천국이었지요. 연못가를 끊임없이 오가는 잔산잠자리나 좋은 자리를 서로 차지하려고 다투는 밀잠자리와는 달리, 왕잠자리는 주로 물 한가운데를 비행합니다.

왕잠자리는 6월의 물색을 닮았습니다. 그들의 몸 색깔은 아름답다 못해 신비하기까지 합니다. 수컷은 녹색과 청색이 어우러진 데 비해 암컷은 연두색과 붉은 갈색을 두르고 있습니다. 이맘때쯤 연못에서 이들의 짝짓기 모습을 보기란 그리 어려운 일이 아닙니다.

먼저 조심성 많은 암컷이 조용하지만 신속하게 나타납니다. 성가신 수컷들이 접근해 오기 전에 알 낳을 자리를 봐두려는 것이지요. 그러나 암컷이 나타나기만을 눈이 빠지게 기다리는 수컷의 레이더를 벗어나기가 쉽지 않습니다. 수컷은 자신과 몸 색깔이 다른 암컷의 출현을 단박에 알아차립니다. 그리고는 다른 수컷에게 빼앗길세라 순식

된장잠자리를 잡은 밀잠자리 암컷.

급소인 목덜미를 공격합니다.

머리를 떼어내고 단백질이 풍부한 몸통 근육을 먹습니다.

잠자리는 모기 같은 해충을 잡아먹기 때
문에 사람에겐 유익한 곤충입니다. 잠자
리 한 마리가 하루에 대략 100g이 넘는 곤
충을 잡아먹으니까 모기같이 아주 작은
녀석을 얼마나 많이 잡아먹는지 실감할
것입니다.
왕잠자리 애벌레는 깨끗한 물 속에 사는
대부분의 잠자리와는 달리 3급수의 물에
서도 살아가는 곤충입니다. 왕잠자리 애
벌레가 살아간다는 것은 그 연못에 다른
생물들도 살 수 있다는 것을 의미합니다.
간접적으로 환경을 알 수 있는 이런 생물
을 가리켜 '지표종'이라고 합니다.

간에 암컷을 '철커덕' 잡아채는데, 그 모습을 보면 여지없
이 불한당 같은 녀석이 아리따운 아가씨의 머리채를 낚아
채서 끌고 가는 형상이랍니다.

암컷은 속수무책입니다. 처음에는 벗어나려고 발버둥
쳐 보지만 곧 체념하고 맙니다. 일단 수컷을 받아들이기로
하면, 암컷은 자신의 배 끝을 수컷의 둘째 마디에 있는 정
자 주머니에 갖다 댑니다. 그렇게 정자를 받아들일 준비가
모두 끝나면 왕잠자리 커플은 조용한 곳을 찾아 밀월여행
을 떠납니다. 다른 수컷들의 방해가 없는 한적한 곳을 찾
아가 맘껏 사랑을 나누는 것이지요.

대개의 곤충들이 그렇지만, 특히 잠자리는 척추동물의
기준으로 볼 때 매우 독특한 방식으로 짝짓기 방법을 진화
시켜 왔습니다. 수컷의 몸에는 정자를 만드는 곳과 정자를
보관하는 곳이 따로 있습니다. 꼬리 부분에 있는 '생식기'
에서 정자를 만들면, 짝짓기 직전에 배의 두 번째 마디 부
분에 있는 '부성기'라고 하는 곳으로 정자를 옮겨 놓습니다.

암컷의 배에도 '정자낭'이라는 곳이 있어서 수정되지 않은 알과 수컷한테서 받은 정자를 따로 보관할 수 있습니다. 따라서 짝짓기와 동시에 수정되는 것이 아니라, 알을 낳을 때 수정되는 것이지요. 짝짓기할 때 수컷은 암컷의 정자낭에 들어 있는 다른 수컷의 정자를 제거한 다음 자신의 정자를 다시 넣습니다. 수컷의 부성기는 암컷의 정자낭에 있는 정자를 쉽게 제거할 수 있도록 발달했습니다.

암컷의 입장에서 보면 수컷 한 마리로부터 정자를 제공받아 수정시키는 것보다 여러 마리 수컷의 유전자를 함께 남기는 편이 유리할 테지요. 하지만 이렇게 되면 수컷은 자신만의 유전자를 남기기가 쉽지 않게 됩니다. 힘들게 암컷과 짝짓기에 성공한다고 해도 다른 수컷이 자신의 정자를 제거해 버리면 헛일이 되고 말 테니까요. 그래서 수컷은 암컷이 알을 낳을 때까지 곁을 지키기로 결심했지요. 다른 수컷이 암컷을 채가지 못하도록 머리 뒷부분을 꽉 붙든 채 말입니다(이때 암컷 머리를 붙드는 수컷의 꼬리에

왕잠자리 암(오른쪽) · 수(왼쪽).

달린 집게 모양을 '교미부속기'라고 합니다).

저수지나 개울가 등에서는 암수 두 마리가 붙은 채 날아다니는 광경을 쉽게 볼 수 있습니다. 이것이 바로 잠자리의 알 낳는 모습인데, 이를 가리켜 '산란비행'이라고 합니다. 어떤 경우에는 알을 낳고 있는 암컷 주변을 비행하면서 주위를 경계하는 수컷 잠자리들도 찾아볼 수 있습니다. 어떤 모습을 보이는가 하는 것은 종에 따라 다르기도 하고, 경쟁해야 하는 수컷의 수에 따라 달라지기도 합니다. 왕잠자리의 경우에는 암컷이 알을 낳는 동안 수컷이 암컷의 뒷머리를 붙든 채 경호를 합니다.

왕잠자리를 잡는 방법

제법 쓸 만한 잠자리채를 가지고 있어도 연두빛 고운 왕잠자리를 잡기란 그리 쉬운 일이 아닙니다. 쉽게 잡을 수 있는 건 밀잠자리나 잔산잠자리 정도가 고작입니다. 잔산잠자리는 마치 육상선수가 운동장 트랙을 도는 것처럼 연못을 날아다닙니다. 물 가장자리를 일정한 높이의 한 방향으로 끊임없이 돌기 때문에 길목만 지키면 쉽게 잡을 수 있답니다. 그러나 왕잠자리는 물가 쪽으로는 접근조차 하지 않는 녀석이라 좀처럼 잡기가 어렵습니다.

왕잠자리의
짝짓기와 산란

옛날 병법 중에 '미인계'라는 것이 있습니다. 얼굴이 예쁜 여자를 이용하여 적을 꾀는 전략을 말합니다. 그런데 왕잠자리를 잡을 때도 바로 이 미인계를 쓰면 효과 만점이랍니다. 왕잠자리 수컷은 연못에서 일정한 공간을 자신의 영역으로 확보합니다. 그리고는 있는 힘껏 영역을 지킵니다. 다른 잠자리가 자신의 영역을 침범이라도 할라치면 죽기살기로 싸웁니다.

왕잠자리 수컷은 왜 그토록 영역에 집착하는 것일까요? 그것은 바로 사랑 때문입니다. 영역은 곧 사랑을 기다리는 공간이기 때문이죠.

그러면 미인계를 써서 왕잠자리를 잡아 볼까요? 먼저, 비교적 손쉬운 밀잠자리 한 마리를 잡아 치장을 합니다. 꼬리에는 황토흙을, 날개와 몸통에는 호박꽃의 꽃가루를 진하게 발라 줍니다. 이때 호박꽃은 아직 피지 않은 것이 좋습니다. 그래야 물기가 많고 색이 고루 퍼지기 때문이죠. 그리고 나면 그럭저럭 왕잠자리 모습을 갖추게 됩니다.

이번에는 실로 뒷다리 두 개를 묶고 작은 막대에 연결한 다음 연못가에서 막대를 둥글게 돌리기 시작합니다. 그러면 영역 순찰을 하던 왕잠자리 수컷이 실에 묶인 밀잠자리를 암컷으로 착각해 어김없이 날아듭니다. 그러나 곧 암컷이 아니라 낯선 경쟁자임을 알아채고는 쫓아내려고 엉겨붙어 싸움을 벌입니다. 이때를 노려 미리 준비해 둔 잠자리채로 덮쳐 잡아낸답니다.

다음에는 잡은 왕잠자리 수컷을 이용합니다. 아까와 마찬가지로 황토흙과 호박꽃으로 수컷의 날개와 가슴 그리고 꼬리 부분을 칠하면, 수컷 옆구리의 청색 무늬가 연

왕잠자리 수컷을 암컷으로 둔갑시키기

왕잠자리가 색을 구분할 수 있는지 알아보기 위해 수컷의 몸에 호박꽃과 진흙으로 치장을 합니다. 과연 수컷들은 암컷처럼 치장한 수컷을 진짜 암컷으로 착각하게 될까요?

① 아직 다 피지 않은 호박꽃을 준비합니다.
② 왕잠자리 수컷.
③ 왕잠자리 수컷의 뒷다리 두 개를 실로 묶습니다.
④ 왕잠자리 암수의 몸 빛깔.
⑤, ⑥ 암컷처럼 보이기 위해 호박꽃의 수술을 수컷의 파란 몸통 부분에 발라 치장합니다.
⑦ 암컷으로 위장한 수컷.
⑧ 연못 주위에서 위장한 수컷을 막대기에 매어 날립니다.
⑨, ⑩ 위장한 수컷을 암컷으로 착각하고 다른 수컷이 달라붙습니다.

두색으로, 배 부분은 붉은 갈색으로 변해 암컷처럼 보입니다. 그것을 또다시 실에 묶어 날리면, 또 다른 수컷이 날아와 꼬리 끝에 달린 교미부속기로 가짜 암컷의 뒷머리를 잡아챕니다. 그러면 또 녀석을 주워 담으면 됩니다. 똑같은 방법으로 계속 왕잠자리 수컷을 잡을 수 있습니다. 그런데 치장한 수컷을 암컷으로 착각하는 것을 보면, 왕잠자리 수컷은 색을 구별하는 능력을 갖고 있는 것 같습니다.

물을 터전으로 살아가다

잠자리들의 고향은 물 속입니다. 알에서 부화한 애벌레는 수초가 많은 잔잔한 저수지나 연못의 진흙 바닥에서 살아갑니다. 대부분의 수중 곤충처럼 녀석도 스노클(snorkel : 잠수용 튜브)과 같은 숨관아가미를 배 끝에 짧게 달고서 호흡합니다. 잠자리 애벌레는 알에서 부화할 때부터 겹눈이 유난히 발달해서, 눈으로 직접 사냥감을 찾습니다.

물 속에 사는 작은 벌레나 올챙이, 심지어는 작은 물고기까지도 서슴지 않고 사냥하는 물 속의 폭군입니다. 평상시에는 바닥에 엎드려 있다가 먹잇감이 사정거리 안에 들어오면 엄청나게 빠른 속도로 잡아챕니다. 아랫입술을 앞으로 길게 내밀어서 끝에 있는 송곳니로 사냥감을 찔러서 잡는답니다. 위험이 닥치면 꼬리 끝으로 물을 뿜어 로켓처럼 추진력을 얻어서 도망가기도 하지요.

물가에 창포나 부들이 있다면 그 뿌리 근처에는 틀림없이 왕잠자리 애벌레가 붙어 있습니다. 날마다 포식으로 몸집을 키운 애벌레는 어둠을 틈타 물 밖으로 기어 올라옵니

잠자리 애벌레를 보통 '수채(水蠆)'라고 합니다. 이때 '蠆'자는 전갈을 뜻하는데, 잠자리 애벌레가 전갈과 비슷하게 생겼다고 하여 붙여진 이름입니다. 약 5센티미터 길이의 길쭉한 몸을 가진 애벌레는 배마디 옆에 가시가 있으며, 직장에 숨관아가미가 있어 그곳으로 산소 호흡을 합니다.

우화 직후에 몸을 말리고 있는 왕잠자리 암컷.

다. 날개가 돋는 우화 과정은 천적의 눈을 피해 아주 빠른 속도로 이루어집니다. 날씨가 맑은 날 저녁 무렵이면 나뭇가지나 풀줄기를 타고 올라와 자리를 잡은 애벌레를 찾아볼 수 있습니다. 잠시 뒤면 애벌레의 등이 Y자 모양으로 갈라지고 머리와 가슴이 먼저 나옵니다. 그 다음으로 배 끝까지 완전히 나오고 나면 날개가 펴지고 배의 길이가 길어지면서 잠자리 모습으로 변해 가지요. 아침 해가 비치기 시작하면 천천히 산으로 날아가서 날개를 말리며 몸이 단단해지기를 기다립니다.

어른이 된 잠자리는 이틀 정도를 산에서 배회하다가 짝 짓기를 위해 물가로 모여듭니다. 물가에는 언제나 수많은 잠자리들로 넘쳐나는데, 서로 자기 영역에서 짝짓기를 하려고 쟁탈전을 벌입니다. 그러다가 제 짝을 찾은 녀석들은 경쟁자를 피해 풀이 무성한 곳으로 날아갑니다. 짝짓기를 끝낸 암컷들은 맞춤한 물풀을 찾아낸 다음 그 위에 올라앉습니다. 그리고는 배 끝을 물 속에 담근 채 부들이나 창포 같은 부드러운 식물 줄기 속에 침처럼 생긴 산란관을 찔러 넣어 알을 낳습니다.

수많은 종류의 잠자리 중에서도 왕잠자리는 단연 돋보입니다. 훤하게 트인 연못 이곳저곳을 순찰 비행하는 왕잠자리의 모습은 초록빛 요정과도 같습니다. 소리 없이 비행하는 왕잠자리를 보면 그 비행 능력에 누구라도 감탄하게 되죠. 날면서 작은 곤충을 낚아채기도 하고, 가만히 허공에 머무는 정지 비행을 하기도 하는 녀석을 보면 꼭 작은 우주선 같답니다.

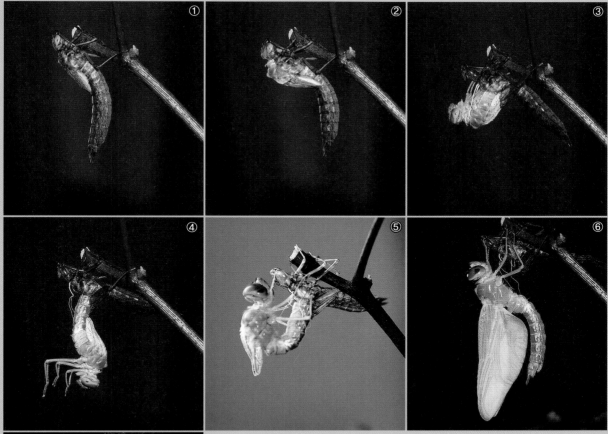

왕잠자리의 우화

① 몸이 마르기를 기다립니다(껍질과 몸이 분리되는 시기).
② 등껍질이 터지면서 몸이 빠져나옵니다.
③ 몸을 빼는 모습, 기관의 흔적인 얇은 실이 보입니다.
④ 다리가 단단해질 때까지 물구나무를 선 상태로 가만히 있습니다.
⑤ 발톱이 완성되면 나뭇가지를 붙잡고 똑바로 서는 자세로 바뀝니다.
⑥ 바른 자세로 날개와 배를 늘이기 시작합니다.
⑦ 날개에 체액을 공급하여 최대한 넓게 펼칩니다.
⑧ 날개가 완성되면 펼친 채로 날이 밝기를 기다립니다.

반디의 곤충연구실

다양한 잠자리의 모습

① 날개띠좀잠자리
② 넉점박이잠자리
③ 고추잠자리
④ 어리부채장수잠자리
⑤ 나비잠자리
⑥ 장수잠자리
⑦ 어리장수잠자리
⑧ 노란측범잠자리
⑨ 참실잠자리
⑩ 고추좀잠자리
⑪ 꼬마잠자리
⑫ 애기좀잠자리
⑬ 긴무늬왕잠자리
⑭ 가는실잠자리
⑮ 푸른아시아실잠자리

5

풀밭의 낭만 신사

풀　　　무　　　치

Locusta migratoria

- 학 명 : 풀무치 (*Locusta migratoria*)
- 과 명 : 메뚜기목 메뚜기과
- 어른벌레 관찰 시기 : 9월~10월
- 겨울나기 : 알

따뜻하게 데워진 바위 위에서 짝짓기 중인 풀무치 한 쌍.

메뚜기과의 일종으로 크기는 보통 4.5~6센티미터 정도이나 가끔 7센티미터가 넘는 개체가 발견되기도 합니다. 잡초를 먹고 살며, 펄벅의 소설 〈대지〉에서 농작물에 피해를 주는 곤충으로 묘사된 메뚜기가 바로 이 풀무치입니다. 봄에 알에서 깨어나 여러 번 허물을 벗으며 자라는데, 우리나라에서는 9월 중순 무렵 어른벌레가 됩니다.

주변 환경에 따라 보호색으로 몸 빛깔을 바꿀 수 있어서 갈색형이 되기도 하고 녹색형이 되기도 합니다. 어른벌레가 된 후 9월 중순부터 짝짓기를 하며, 암컷 혼자 배 끝으로 땅을 파고 알을 낳습니다. 전국에 분포하는 종이기는 하나 내륙에서 발견되는 풀무치는 해안에서 발견되는 개체보다 몸집이 작은 경향이 있습니다. 농약, 서식지 파괴 등으로 현재는 서식 개체가 급격히 감소하였습니다.

"우리의 인생은 온갖 장면을 모아 놓은 모자이크와 같습니다. 가까이 있으면 아무런 인상도 주지 못하므로, 아름다움을 알려면 떨어져 있지 않으면 안 됩니다."

철학자 쇼펜하우어의 말입니다.

곤충 관찰도 이와 같습니다. 너무 흔하고 많아 가까이 있을 때는 정녕 그 소중함을 알지 못하다가, 그 수가 줄어들어 귀하게 되면 절실히 그리워지는 법이지요.

몇 년 전, 갑자기 풀무치가 보고 싶어 찾아 나선 적이 있었습니다. 메뚜기과의 풀무치는 어린 시절에 흔하게 보았던 터라 강가 풀밭에만 나가면 어렵잖게 만날 수 있으리라고 생각했습니다. 그런데 한나절 내내 풀밭을 뒤지고 돌아다녔지만 단 한 마리의 풀무치도 발견하지 못했습니다. 도대체 그 많던 풀무치는 어디로 갔을까요?

자연 관찰에서는 그 어느 것 하나 소중하지 않은 것이 없습니다. 곤충뿐만 아니라 새 한 마리, 풀 한 포기, 나무 한 그루에 이르기까지 모두가 소중한 것들입니다. 그래서 종종 애초 계획과는 다른 엉뚱한 타깃을 따라다니느라 하루해를 다 보내기도 합니다. 어리장수잠자리를 관찰하러 갔다가 묵납자루를 만나 그들을 따라다니기도 하고, 동굴 속 갈로와를 만나러 갔다가 굴꼽등이에 매료되어 해지는 줄 모르기도 한답니다.

10월의 마지막 주쯤에 서해안에 있는 섬으로 가을꽃을 관찰하러 떠났습니다. 그맘때쯤이면 육지에서는 가을꽃이 다 져 버리지만, 섬에는 따뜻한 해풍의 영향으로 꽃들이 남아 있습니다. 그러니 마지막 야생화를 찾아 떠난 여행이었지요.

어린 풀무치. 메뚜기목의 곤충들은 대부분 주변 환경에 맞추어 몸 색깔을 바꾸기 때문에 쉽게 눈에 띄지 않습니다.

남서쪽으로 훤하게 트인 산기슭을 오르기 시작했습니
다. 배초향의 알싸한 내음이 사방에 진동하고 탐스러운
용담꽃이 여기저기 피어 있었지요. 꽃들에 정신이 팔려
있는데, 갑자기 푸르륵 하고 날아가는 뭔가가 있었습니다.
녀석을 눈으로 쫓아가 보니 다름 아닌 갈색 메뚜기, 아니
커다란 풀무치였습니다.

두 개의 겉날개를 앞으로 축 늘어뜨리고 속날개로 기운
차게 나는 풀무치의 모습은 환상적인 아름다움을 자아냅
니다. 메뚜기과의 수많은 종들 중에서도 단연 돋보이지요.
이제부터는 목표가 바뀌었습니다. 그토록 보고 싶었던 풀
무치를 만났으니 꽃이 문제가 아닙니다. 당연히 풀무치
탐색에 돌입했지요.

풀무치에 대한 몇 가지 추측

풀무치를 찾을 욕심에 이곳저곳을 무작정 헤매 다녔지
만 역시 무모한 일이었습니다. 처음 풀무치를 만났던 곳
으로 다시 돌아와 상황을 추리해 봤지요. 덩치가 컸던 것
으로 미루어보아 녀석은 틀림없이 암컷이었을 겁니다. 몸
색깔은 갈색이었으니 보호색을 찾으려면 마른 풀이 필요
하겠지요. 그곳은 마침 억새풀이 누렇게 말라 가고 있었
습니다. 더구나 거칠고 커다란 바위 하나가 비스듬히 누
운 곳이었지요. 어쩌면 따뜻한 햇볕을 찾아 일광욕을 하
러 나선 길인지도 모르겠군요. 아니면 알을 낳기 위해 들
른 것이든지요.

10월 말이면 이들도 서서히 생을 마감할 때이긴 하지만,

갈색형 풀무치 암컷.

아직까지는 몇몇 개체라도 남아 있을 것 같아 주변을 샅샅이 뒤졌습니다. 처음 풀무치를 발견한 곳과 같이 풀과 바위가 있는 곳을 집중적으로 찾아다녔지요. 그러다가 마침내 또 다른 풀무치 한 마리를 발견했습니다. 이번에는 평평한 평지였는데, 앞이 훤히 트인 곳이라 더욱 조심스럽게 접근해야 했습니다. 웃옷을 벗어들고 살금살금 다가가서는 냅다 덮쳤지요. 과연 슬라이딩의 결과는 세이프일까요, 아니면 아웃일까요?

성공적인 포획이었습니다. 이번에 잡은 풀무치는 갈색의 건강한 암컷이었습니다. 배가 불룩한 것이 아직 알도 낳지 않은 것처럼 보였습니다. 게다가 일광욕을 얼마나 오랫동안 했는지 배가 뜨끈뜨끈했답니다. 이왕이면 몇 마리 더 붙잡아서 실험을 해보기로 했습니다. 다시 풀밭을 뒤진 끝에 먼젓번보다 더 크고 잘생긴 암컷 한 마리를 잡을 수

날개를 비비며 구애하는 풀무치 수컷.

있었습니다.

집으로 돌아오는 동안 내내 차 뒷좌석에 놓아둔 음료수 병이 들썩거릴 정도로 풀무치들은 크고 힘도 셌답니다. 가운뎃손가락보다도 훨씬 굵고 길이도 길었지요. 메뚜기과 가운데서 가장 크다는 방아깨비보다도 좀더 커 보였으니까요. 나는 이 크고 잘생기고 힘센 녀석들을 '섬풀무치'라고 부르기로 했습니다. 섬에 사니까 그렇게 부르는 것이 맞겠지요. 그리고 이 녀석들이 어떻게 알을 낳고 살아가는지, 기르면서 관찰해 보기로 했습니다.

집에 들어서자 나를 반기던 조카들이 풀무치를 보고는 흠칫 놀랐습니다.

"삼촌! 이거 안 물어? 무슨 메뚜기가 이렇게 커?"

우현이가 물었습니다. 나는 풀무치로 인한 흥분이 채 가시지 않았던 터라 조카들에게 풀무치에 관한 것들을 신나게 설명해 주었답니다. 풀을 어떻게 먹는지, 소리를 어떻게 내는지 등등을 말이지요.

방아깨비 놀이. 방아깨비의 뒷다리를 사진처럼 잡고 있으면 도망가기 위해 펄쩍펄쩍 뛰는데, 이 모습이 꼭 디딜방아를 찧는 듯해서 이런 이름이 붙었습니다.

"근데 삼촌! 소리를 내면 뭐해? 듣는 귀가 없는데!"

우현이의 질문이 꽤나 예리합니다. 풀무치의 귀는 드러나 보이지 않으니까 우리들 눈으로는 좀체 찾기 어렵습니다. 그러나 풀무치의 귀는 뒷다리 바로 윗부분에 있습니다. 작은 구멍처럼 생긴 곳이 바로 녀석들의 귀랍니다. 사람을 기준으로 생각하면 전혀 엉뚱한 곳에 귀가 달려 있으니 못 찾을밖에요. 더 심한 경우도 있답니다. 베짱이 무리는 앞다리종아리마디에 청각 기관이 달려 있습니다. 참으로 놀라울 따름이지요.

풀무치 사육의 어려움

풀무치를 제대로 관찰하기 위해서는 먼저 사육장을 마련해야 합니다. 좋은 서식 환경을 만들어 줘야 정상적으로 생활할 수 있을 테니까요. 사육장은 빈 어항을 이용하기로 했습니다. 바닥에 화강편마암 모래가 섞인 붉은 흙을 10센

베짱이 무리는 앞다리종아리마디에 귀가 있습니다.

여기가 귀예요.

헷갈리기 쉬운 메뚜기들

① 방아깨비.
② 섬서구메뚜기. 섬서구메뚜기는 방
   아깨비보다 몸 길이가 짤막합니다.
③ 콩중이 갈색형.
④ 콩중이 녹색형.
⑤ 팥중이 갈색형. 팥중이의 가슴등판
   에는 X자 문양이 있습니다.
⑥ 팥중이 녹색형.

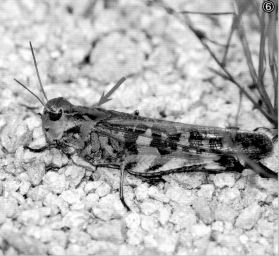

티미터 가량 깔고, 그 위에 짧게 자른 억새와 솔새를 심었습니다. 풀무치가 먹을 양식인 셈이죠.

그런데 문제가 생겼습니다. 이 덩치 큰 녀석들이 채 이틀도 안 되어 어항 안에 심어 놓은 풀을 모두 먹어 치운 겁니다. 당장 식량 조달에 비상이 걸렸습니다. 억새풀을 구하려면 매번 멀리 들판까지 나가야 했는데, 그나마도 늦가을이라 풀이 말라 있기 일쑤였지요. 싱싱한 풀을 쉽게 구할 수 있는 방법을 고민하다가, 잔디 도매상에게서 서양잔디를 구입했습니다. 켄터키블루그래스라는 품종은 겨울철에도 파릇파릇하니까 녀석들이 좋아할 거라고 생각했지요.

예상이 맞았습니다. 풀무치들은 부드럽고 싱싱한 잔디를 좋아했습니다. 일단 입을 대면 잎과 줄기는 물론이고 바닥의 뿌리가 드러날 정도로 말끔히 먹어 치웠습니다. 서양 잔디 덕분에 식량난은 말끔히 해결된 셈이지요. 그러나

갈색형 풀무치 암컷이 알을 낳는 모습.

어항 속 흙에 풀무치가 낳은 알.

그들의 왕성한 식욕은 또 다른 문제를 불러일으켰습니다. 토막난 가래떡 같은 배설물이 어찌나 쏟아져 나오는지 날마다 치우지 않으면 안 되었던 것이지요.

풀무치들을 데려와 기른 지 5일째 되는 날 저녁이었습니다. 한 녀석이 알을 낳으려는지 배 끝 부분을 흙바닥에 꽂았다 뺐다를 반복하고 있었지요. 이윽고 마음에 드는 터를 찾았는지 땅 속으로 배 끝을 밀어 넣었습니다. 그리고는 알을 쏟아내기 시작했답니다.

알을 낳은 지 사흘 뒤에 풀무치들은 차례대로 죽어 갔습니다. 이제까지의 관찰은 성공적이었지만, 지금부터가 문제였습니다. 도저히 그 많은 알들이 부화할 때까지 잘 키워낼 자신이 없었거든요. 하는 수 없이 원래 풀무치가 살던 섬에 알들을 도로 갖다 놓기로 했습니다. 흙을 파서 알을 넣어 두고 볼펜 대롱을 이용해 어미 풀무치가 뚫어 놓은 것과 똑같은 구멍을 만들었습니다. 그리고 그 위를 작

은 흙 알갱이로 막아 두는 것도 잊지 않았죠.

다시 찾은 풀무치의 섬

섬을 다시 찾은 것은 이듬해 9월 중순이었습니다. 어찌나 햇살이 따가운지 아직도 한여름의 찌는 듯한 열기가 온 섬에 가득했지요. 하지만 섬을 다시 찾은 보람은 있었습니다.

섬은 풀무치들의 천국이었습니다. 그야말로 사방에 풀무치가 널려 있었으니까요. 처음에는 몇 마리를 잡으려고 쫓아다니다가 곧 그럴 필요가 없다는 데 생각이 미쳤습니다. 그냥 자연 상태에서 녀석들을 지켜보기만 하면 되었거든요. 쫓아다니지 않고 편안하게 두고 보아야 곤충들도 '있는 그대로'의 모습을 우리에게 보여준답니다.

9월은 아직 섬풀무치들이 짝짓기하기에는 이른 계절이

짝짓기 중인 풀무치 한 쌍. 눈에 묻은 먼지를 털어내는 동작이 마치 군인이 경례를 하는 것 같아 재미있습니다.

었습니다. 이제 막 어른벌레로 탈바꿈하는 시기였답니다. 어떤 녀석들은 새벽에 허물을 벗었는지 아직도 날개에는 반들거리는 윤기가 돌았지요. 짝짓기를 할 만큼 몸이 제대로 성숙하려면 9월 말은 되어야 할 것 같았습니다.

풀무치는 겉껍질이 단단한 곤충입니다. 하늘소나 사슴벌레처럼 딱딱하지는 않지만 외골격이라는 몸의 구조는 똑같습니다. 몸 바깥에 뼈가 있다는 말이지요. 사람의 신체는 몸속에 뼈가 있고 피부는 말랑말랑하며, 그 아래로 영양분을 가득 실은 혈액이 지나갑니다. 따라서 몸이 커지며 성장을 해도 별 문제가 없지요. 그러나 곤충은 다릅니다. 그들은 외골격이라는 신체 구조상의 특징 때문에 성장을 하려면 딱딱한 껍질을 뚫어야 합니다. 몇 번의 허물벗기 과정을 거쳐야 한다는 말이지요.

곤충의 허물벗기는 대부분 밤에 이루어지는데, 여기에는 천적으로부터의 위험을 피하려는 의도 외에 또 다른 이유가 있다는군요. 갓 허물을 벗고 나온 곤충의 몸은 매우 연약하답니다. 한낮의 뙤약볕에 노출되면 금방 몸이 마르고 체온이 올라가 곤충을 죽음에 이르게 한다는군요. 반면에 밤에는 충분한 습기가 있어서 허물 벗은 몸이 천천히 단단하게 마르도록 도와준답니다.

관찰 결과, 풀무치들은 초저녁이나 새벽녘에 허물벗기를 하는 경우가 많았습니다. 만약 배가 불룩한 어린 메뚜기를 만났다면, 그날 저녁 허물벗기를 할 녀석이라고 단정해도 좋습니다. 그리고 허물벗기를 하고 난 메뚜기는 배가 홀쭉해지는데, 그것은 아마도 허물을 벗느라 모든 에너지를 쏟아 냈기 때문인 것 같습니다.

사마귀(위)와 메뚜기(아래)의 허물벗기 모습. 번데기 과정이 없이 탈바꿈하는 것을 불완전변태라고 하는데, 대표적으로 메뚜기, 사마귀, 잠자리 등이 있습니다.

가을 햇살을 더 받으려는 몸부림

10월에 다시 찾은 풀무치 섬은 그야말로 장관이었습니다. 길바닥이 온통 녀석들 천지였습니다. 갈색과 녹색이 각각 절반 정도 되어 보였는데, 우람한 덩치에 마치 새처럼 여유 있게 푸르륵 날아다니는 모습이 멋졌답니다.

풀무치들은 산 능선을 돌아가는 임도(林道 : 산을 관리하기 위해 만든 도로)에 특히 많았습니다. 풀밭에서 풀을 먹으며 사는 풀무치가 왜 자갈투성이인 임도에 이렇게 많이 몰려 있을까요? 날씨가 좋아서 놀러 나온 것일까요? 혹시 이곳이 구애를 하거나 알을 낳는 특별한 장소일까요? 그 이유는 한 달간 이곳에 머무르면서 이들을 관찰한 후에야 알 수 있었답니다.

섬의 날씨는 풀무치들의 생태에 상당한 영향을 끼칩니다. 아침에는 해풍과 안개가 밀려와 춥습니다. 풀무치들

도 이때는 풀 속에 숨어 있지요. 그러다가 서서히 안개가 걷히고 햇빛이 비치기 시작합니다. 가을 태양빛은 한여름의 그것과는 달리 약하기 때문에 풀숲의 이슬이 마르고 온도가 오르려면 한참이 걸리죠. 반면에 길 위의 바위나 자갈은 햇볕에 빨리 달구어진답니다. 열을 얼마나 빠르게 전달하는지를 재는 척도를 열전도율이라고 하는데, 금속과 같이 단단한 고체일수록 열전도율이 높고 물과 같은 액체는 열전도율이 낮습니다. 단단한 고체인 바위가 흙이나 풀보다 열전도율이 높으니까 훨씬 빨리 달구어집니다. 따라서 풀무치들은 상대적으로 온도가 높은 곳으로 몰려들었던 것이죠. 가을 햇살을 조금이라도 더 받으려는 몸부림은 어느 곤충이나 마찬가지입니다. 잠자리도 풀무치처럼 오전의 햇살 좋은 곳을 찾아 볕바라기를 하고 있었습니다.

곤충은 왜 햇볕을 좋아할까요? 그것은 곤충의 몸 구조

때문입니다. 풀무치가 외골격의 몸을 갖고 있다는 것은 앞에서도 이야기했지요. 이것은 자동차나 비행기와 같이 겉표면이 단단한 구조인데, 체온을 잘 잃어버리는 특성이 있습니다. 모든 생명은 살기 위해 일정한 체온을 유지해야 한답니다. 사람도 이 점에서는 다르지 않죠. 사람의 피부에는 지방층과 혈관이 있어 어느 정도 추위를 막아 줄 수 있고, 그래도 정 추우면 두꺼운 옷을 입어 체온을 유지할 수 있습니다. 그러나 외골격을 가진 풀무치는 오직 햇볕에 의존해야 합니다. 그래서 녀석들은 풀숲보다는 자갈이 깔린 곳에 많이 모여 있었던 것입니다. 심지어 어떤 녀석은 햇볕을 한 줌이라도 더 받기 위해 돌 위에 비스듬히 누운 자세를 취하고 있었답니다.

사랑의 열기 가득한 10월

풀무치에게 10월은 사랑의 계절입니다. 이들의 일생에서 가장 아름다운 때라고 할 수 있지요. 몸이 자랄 대로 자라 풍만해진 암컷들은 이제 수컷의 구애를 받는 일만 남았습니다.

수컷은 먼저 암컷을 찾아다닙니다. 그러다가 크고 멋진 암컷을 발견하면 천천히 그쪽으로 다가갑니다. 일정한 거리에 이르렀다고 생각되면 그 자리에 멈춰 서서는 소리를 냅니다. 큼직한 뒷다리를 날개에 비벼서 소리를 내는데, 날갯짓이 어찌나 빠른지 사람 눈으로는 제대로 볼 수가 없었습니다. 그래서 사진으로 찍어 놓고 찬찬히 살펴본 후에야 어떻게 움직이는지 알 수가 있었답니다. 수컷 풀무치는

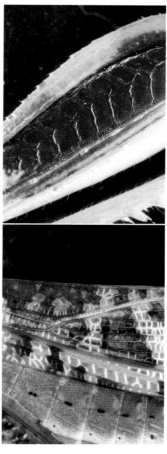

풀무치는 뒷다리넓적다리마디 안쪽의 돌기(위)와 날개맥(아래)을 비벼서 소리를 냅니다.

날개맥과 뒷다리 안쪽에 난 돌기를 마찰시켜 소리를 냅니다. 굵직한 나뭇가지로 옷감을 문지르는 듯한 소리이지요. 그 마찰음이 바로 풀무치의 사랑의 세레나데랍니다.

수컷은 노래 1절을 마치고 암컷에게 좀더 다가갑니다. 그리고는 멈춰 서서 또 2절을 연주합니다. 이런 식으로 접근해 가면 아무리 까칠한 암컷이라도 넘어가지 않을 도리가 없습니다. 암컷의 경계가 느슨해지면 수컷은 그 틈을 놓치지 않고 잽싸게 암컷 등 위에 올라탑니다. 그리고는 앞발로 암컷의 가슴등판을 꼭 붙듭니다. 두 갈래의 갈고리 발가락은 암컷의 가슴판에 딱 들어맞아, 한 번 달라붙으면 절대 떨어지지 않습니다. 수컷은 한동안 암컷의 등에 업혀 다닙니다. 그러다가 암컷의 승낙이 있고 나서야 비로소 짝짓기를 할 수 있습니다.

사방이 풀무치들의 사랑의 열기로 가득했습니다. 풀밭에서도 자갈밭에서도 암컷을 부르는 수컷의 노랫소리가 넘쳐 났습니다. 살금살금 다가가는 모습만 보일 뿐, 푸득거리며 날아다니는 녀석 하나 없었답니다. 풀무치들에게는 정말 평화로운 시간이었지요.

암컷과 수컷을 구분하는 가장 쉬운 방법은 배 끝을 비교해 보는 것입니다. 위의 사진은 암컷의 배, 아래 사진은 수컷의 배인데, 수컷의 배 끝은 위로 치켜올라가 있습니다.

아름다운 풀무치 섬을 떠나며

짝짓기가 끝난 이후로 풀무치들의 산란 장면을 여기저기서 흔하게 볼 수 있었습니다. 비탈길을 비롯하여 바위 옆, 풀포기 아래까지 거의 모든 곳이 산란장이었습니다. 갑자기 땅 속 장면이 궁금해졌습니다. 그래서 암컷이 알을 낳고 있는 곳을 나뭇가지로 살살 파 보았습니다. 물론 다 보

완전히 파괴된 섬풀무치 서식지. 이제는
이곳에서도 풀무치를 관찰할 수 없게 되
었습니다.

고 나서는 본래 모습대로 흙을 덮어 두었답니다. 어미가
하는 것처럼 구멍도 잘 메워 주었지요. 어미 풀무치가 그
랬던 것처럼, 뚫었던 땅 구멍을 뒷다리로 자근자근 눌러
주는 잔잔한 정성도 놓치지 않았습니다. 메뚜기에게 모성
애가 없다고 말하는 사람이 있다면 아마도 이 장면의 감동
을 느껴보지 못한 사람일 겁니다.

저녁이 되어서야 풀무치 섬을 빠져나왔습니다. 차창으
로 멀리 보이는 섬의 모습이 어찌나 아름다운지 쇼펜하우
어의 그 말이 절로 되뇌어졌습니다.

"가까이 있으면 아무런 인상도 주지 못하므로, 아름다
움을 알려면 멀리 떨어져 있지 않으면 안 됩니다."

반디의 곤충연구실

야생 풀무치의 산란 장면 관찰하기

알을 낳고 있는 풀무치 암컷을 발견했습니다. 좀더 자세히 관찰하기 위해 풀무치 바로 옆을 파보기로 했습니다. 풀무치가 알아채지 못하도록 조심조심 땅을 파야만 합니다. 풀무치가 알아채거나 알을 낳다 놀라 달아나 버리면 알이 깨어나지 못할 수도 있으니까요.

① 알을 낳고 있는 풀무치 암컷.
②~④ 풀무치 암컷이 배를 들이밀고 있는 땅을 파고 있습니다.
⑤ 알 낳기를 끝내고 알을 보호할 거품을 쏟아 놓고 있습니다.
⑥ 유리 어항 속 흙에 낳은 알의 모습.

① ② ③ ④ ⑤ ⑥

6

사랑의 이벤트 연출가

긴   꼬   리

Oecanthus longicauda

- 학 명 : 긴꼬리 (*Oecanthus longicauda*)
- 과 명 : 메뚜기목 긴꼬리과
- 어른벌레 관찰 시기 : 8월~10월
- 겨울나기 : 알

몸 길이 1~2센티미터로 몸이 가늘며 연노란색이거나 연두색을 띱니다. 어른벌레는 8월~10월에 출현하는데 수풀 사이에서 경쾌한 멜로디로 소리를 내어 암컷을 부릅니다. 등에 캔디 상자로 알려진 감로를 가지고 다니며 짝짓기를 하는 동안 암컷에게 이 감로를 선물합니다. 명아주, 쑥, 익모초와 같은 풀줄기에 구멍을 뚫어 한두 개의 알을 낳으며, 그 알로 겨울나기를 합니다.

울음소리로 암컷을 부르고 있는 긴꼬리 수컷. 이파리 뒷면에 앉아 날개가 나뭇잎과 평행이 되도록 하여 웁니다. 늦가을에는 낮에도 우는 모습을 볼 수 있습니다.

소리로 찾은 긴꼬리

초가을 저녁 무렵이면 길섶에는 온갖 벌레들의 노랫소리로 가득합니다. 세상의 모든 악사들이 한자리에 모인 것처럼 소리의 향연이 펼쳐집니다. 낮은 음에서부터 높은 음까지, 짧은 소리에서부터 긴 소리까지 각양각색이지요. 벌레들은 풀잎이나 나뭇잎 한 구석을 차지하고 앉아 저마다의 소리를 만들어 냅니다.

산책을 따라나선 조카 영현이가 한마디했습니다.

"삼촌! 벌레 소리 참 듣기 좋다, 그치?"

피아노를 잘 치는 영현이의 귀는 각각의 소리들을 잘 구분해 냅니다. 우리는 계속 걸으면서 소리를 즐겼습니다. 그러다가 갑자기 아주 색다른 소리 하나가 들려 우리는 걸음을 멈추고 귀를 기울였습니다.

"리리리릿! 리리리릿!"

야트막한 병에 입술을 대고 부는 듯한 소리입니다. 몸을 최대한 낮추고 소리가 나는 풀밭 쪽으로 살금살금 다가가 보니, 풀잎에 매달려 노래하는 녀석은 바로 긴꼬리였습니다. 몸 빛깔이나 생김새가 꼭 풀잎을 닮아서, 소리가 아니면 좀체 녀석을 찾아내기가 쉽지 않습니다. 손가락 한 마디 길이쯤 되는 긴꼬리는 귀뚜라미와 가까운 친척이랍니다.

소리를 내는 비결

대부분의 곤충들은 소리로 구애를 합니다. 그런데 그 소리라는 것은 일종의 파장입니다. 어떤 물체의 움직임에 의해 파장이 생겨나고, 그 파장이 공기를 통해 번져 나가게 된답니다.

긴꼬리 수컷은 어떻게 소리를 낼까요? 사람은 목에 있는 성대라는 기관을 통해 소리를 내지만, 곤충에게는 성대가 없습니다. 그래서 긴꼬리는 양쪽 날개를 마찰시켜서 소리를 낸답니다. 긴꼬리의 날개에는 빨래판처럼 미세한 굴곡이 있습니다. 빨래판을 젓가락으로 문지르면 '드르륵' 소리가 나지요. 이때 손놀림을 좀더 빠르게 한다면 연속적인 음이 됩니다. 마찬가지로 긴꼬리 수컷은 날개 안쪽의 겹치는 부분에 빨래판 같은 홈이 나 있어서, 두 날개가 바르르 떨며 겹쳐질 때마다 '리리리릿 리리리릿' 하는 소리가 난답니다.

그런데 긴꼬리가 소리 내는 방법을 관찰해 보면, 거기에

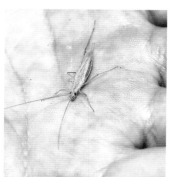

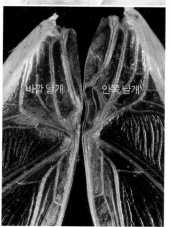

바깥 날개   안쪽 날개

날개에 빨래판 같은 돌기가 나 있어서 이 돌기끼리 비비면 날개 전체가 울림판이 되어 소리가 납니다.

어린 긴꼬리.

는 놀라운 과학의 원리가 숨어 있습니다. 긴꼬리는 나뭇잎
의 구멍이나 홈에 자신의 몸을 밀어 넣고 나뭇잎과 날개가
평행이 되게 한 상태에서 소리를 냅니다. 구멍이나 홈이
아니면 최소한 잎 끝에 매달려서라도 평행 상태를 유지합
니다. 그렇게 하면 파장을 극대화하여 소리를 멀리까지 보
낼 수 있다고 하는군요. 전기에 플러스(+)와 마이너스(-)
극이 있듯이, 소리에도 플러스 위상과 마이너스 위상이 있
습니다. 떨림판이 진동하면서 소리를 낼 때 떨림판의 앞쪽
에서 나는 소리를 플러스 위상이라고 한다면, 떨림판 뒤쪽
은 마이너스 위상이 되지요. 그런데 이 두 위상을 함께 들
으면 소리가 상쇄되어 작게 들립니다. 스피커는 한쪽 위상
만 들리게 하여 소리가 상쇄되지 않고 크게 울리도록 고안
된 것입니다. 긴꼬리도 바로 이런 스피커의 원리를 이용하
고 있었던 것입니다! 즉, 나뭇잎과 날개가 평행이 되게 한

울음소리로 암컷을 부르고 있는 긴꼬리
수컷.

상태에서만 소리를 냄으로써, 한 방향으로 하나의 위상만
들리게 하여 소리의 상쇄 효과를 줄이려는 것이지요.

정말 놀랍지 않습니까? 그 조그만 곤충이 어쩌면 이리
도 오묘한 과학의 원리를 깨닫고 몸소 실천할 수 있을까
요! 그러고 보면 곤충이 과학의 원리를 깨닫는 것이 아니라,
사람이 자연의 이치를 배운다는 말이 맞을 것 같군요.

수컷이 만든 사랑의 시나리오

긴꼬리가 연주하는 음악은 사랑을 위한 달콤한 속삭임
입니다. 긴꼬리 수컷은 단지 음악만 연주하는 것이 아니라
사랑의 시나리오를 짜고 이벤트를 기획하는 연출가입니
다.

달콤한 소리에 이끌려 암컷 한 마리가 다가왔습니다. 수
컷은 암컷에게 잘 보이려고 촐싹대며 오두방정을 떱니다.

그러더니 정자가 든 작은 쌀알 모양의 정포낭을 암컷 꼬리 부분에 잽싸게 붙였습니다. 정말 눈 깜짝할 사이였지요. 이것으로 1단계 임무는 마친 셈입니다.

수컷은 곧이어 2단계 임무에 착수했습니다. 대부분의 곤충들은 1단계로 모든 짝짓기 과정이 끝나지만, 긴꼬리에게는 이제부터가 시작입니다. 뱃속에 알을 품은 긴꼬리 암컷들은 항상 배고픔을 느끼기 때문에 눈에 띄는 것은 무엇이든 먹어치워 버립니다. 심지어는 자신의 몸에 붙여 놓은 정포낭까지도 먹이로 알고 떼어먹어 버리지요. 그래서 수컷은 2단계로 선물 공세를 펼칩니다. 수컷의 날개 밑에는 감로샘이 있는데, 이것을 암컷에게 제공합니다. 암컷이 수컷의 몸에서 감로를 빨아먹는 동안 정포낭에 있던 정자가 암컷의 몸속으로 서서히 스며들게 하는 것이지요. 말하자면 암컷의 주의를 딴 데로 돌리는 동시에 시간을 끌어보자는 속셈이지요. 자신의 유전자를 남기기 위한 수컷의 고육지책이기도 하답니다.

긴꼬리 암컷이 알을 남기는 전략

긴꼬리 수컷이 준비한 모든 이벤트는 끝났습니다. 짝짓기를 성공적으로 마친 암컷과 수컷은 뿔뿔이 흩어져 각자의 길로 가 버립니다.

이제부터는 암컷 차례입니다. 수컷이 짝짓기를 위해 그랬듯이, 암컷 또한 내년 봄까지 알을 무사히 남기기 위한 전략을 짜야 합니다. 알을 노리는 도둑들도 많고, 더구나 혹독한 겨울 추위도 넘겨야 하니 걱정이 태산이지요.

암컷의 교미기에 붙여 놓은 정포낭이 쌀알처럼 매달려 있습니다. 메뚜기목의 곤충들 중 일부는 암수가 몸을 붙여 짝짓기하는 것이 아니라 수컷이 정포낭을 만들어 암컷의 교미기에 붙여 놓고 암컷의 몸에 정자가 천천히 스며들도록 하는 종들이 있습니다. 긴꼬리, 귀뚜라미 등이 그런 형태로 짝짓기를 하지요.

쑥대에 남아 있는 산란 흔적. 쑥대 하나에 3~4센티미터 간격으로 서너 개의 구멍을 뚫고 알을 낳습니다.

암컷들이 알을 낳기 위해 모여드는 곳은 주로 쑥대밭입니다. 쑥은 묘지 주변이나 묵은 밭둑에서 잘 자라는데, 그곳을 서성이는 긴꼬리 암컷이 있다면 대개는 알을 낳기 위해서랍니다. 일단 암컷은 줄기를 물어뜯어 구멍을 만든 다음, 그 속으로 산란관을 밀어 넣어 두어 개의 알을 낳습니다. 그리고는 그 위나 아래로 3~4센티미터쯤 간격을 두고 또 구멍을 뚫어 알을 낳습니다.

긴꼬리의 알은 추위 걱정을 덜게 되었습니다. 도둑맞을 염려도 없어졌지요. 녀석들이 이렇게까지 치밀할 줄은 생각지도 못했습니다. 대를 이어 전해진 지혜가 놀라울 따름입니다. 이제 겨울이 지나고 5월 중순이 되면 희뿌연 긴꼬리 애벌레가 태어날 것입니다. 어미가 뚫어 놓은 구멍으로 빠끔히 머리를 내밀고 나와 또 자신의 인생을 살아가게 되겠지요.

줄기 속에 낳아 둔 알의 모습.

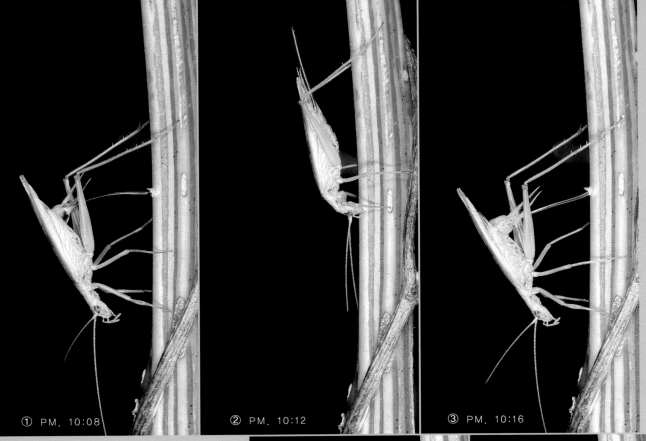

① PM. 10:08   ② PM. 10:12   ③ PM. 10:16

긴꼬리의 산란

① 산란관을 풀줄기에 밀어 넣으려 안간힘을 씁
  니다.
② 산란관이 들어가지 않자 다시 입으로 그곳을
  물어뜯습니다.
③~⑩ 산란관을 밀어 넣을 수 있을 때까지 위 과
  정을 되풀이합니다.
⑪ 드디어 산란관이 풀줄기 속으로 들어갔습니
  다.

⑦ PM. 10:44   ⑧ PM. 10:48

④ PM. 10:26　　⑤ PM. 10:32　　⑥ PM. 10:41

⑨ PM. 10:58　　⑩ AM. 12:31　　⑪ AM. 12:57

반디의 곤충연구실

아름다운 사랑을 연출하는 긴꼬리 수컷

사랑의 세레나데에 이끌린 암컷은 수컷의 됨됨이를 살핍니다. 이 윽고 암컷의 승낙이 떨어지면 수컷은 재빨리 암컷의 배 끝에 자신의 유전자 덩어리인 정포낭을 붙입니다. 하지만 뱃속에 많은 알을 가진 암컷들은 언제나 배고파합니다. 몸 안에 들어 있는 많은 알에게 영양 분을 공급하기 위해서 무엇이든 많이 먹어야 하니까요. 심지어 수컷 이 자신의 배 끝에 붙여 준 정포낭까지도 게걸스럽게 먹어 치운답니 다.

긴꼬리 수컷은 이 사실을 오래 전부터 알고 있었습니다. 그래서 자 신의 유전자를 안전하게 전하는 방법을 찾기 시작했답니다. 그것은 바 로 암컷에게 맛난 감로를 제공하는 것이었지요.

긴꼬리 수컷의 감로샘.

긴꼬리 수컷이 암컷에게 자신의 등을 들이댑니다. 그러면 허기진 암컷은 정신없이 맛난 감로를 핥아먹습니다. 그 사이에 정포낭의 유 전자는 암컷의 몸속으로 천천히 스며들지요.

이 시나리오는 처음부터 끝까지 수컷이 짰습니다. 기획에서 연출 까지 모두 맡은 셈이지요. 노래와 선물이라는 적절한 전술로 목적을 이뤘습니다. 긴꼬리 수컷이 가장 신경을 쓴 것은 선물 제공 시간을 길 게 하는 것이었지요. 목적은 단 하나, 자신의 유전자를 암컷의 몸속에 고스란히 남기는 것이었으니까요.

긴꼬리 수컷의 감로 선물 공세.
수컷의 날개 뒷부분에는 암컷에게 선물할 감로샘
이 있습니다. 짝짓기 후 암컷은 수컷의 몸 위로 올
라가 이 감로를 빨아먹습니다.

7

눈밭에서 펼쳐지는 사랑의 향연

겨 울 자 나 방

I n u r o i s   f u m o s a

- 학 명 : 얇은날개겨울자나방 *(Inurois fumosa)*
- 과 명 : 나비목 자나방과
- 어른벌레 관찰 시기 : 11월~12월, 2월~3월
- 겨울나기 : 알

* 이 책에 나오는 '겨울자나방' 명칭은 겨울자나방 종류의 통칭입니다.

검은점겨울자나방의 짝짓기 모습.

초겨울에 어른벌레로 우화하는 나방으로, 암컷은 날개가 퇴화되어 흔적만 남아 있거나 종에 따라 아예 없기도 합니다. 암수 모두 몸 길이가 1센티미터 내외로 작으며, 수컷의 날개 길이는 1.5~2센티미터 정도입니다. 해가 진 후 암컷이 페로몬을 분비하면 이 냄새에 이끌려 수컷이 찾아와 짝짓기를 합니다. 우리나라에 30종 가량의 겨울자나 방류가 있는 것으로 알려져 있습니다.

겨울자나방이 등장하는 눈 내리는 겨울밤.

눈밭에 등장한 겨울자나방 암컷.

겨울 추위를 녹이는 사랑

자연 현상은 언제나 경이롭습니다. 때로는 우리가 잘 알고 있다고 생각하는 상식을 여지없이 깨어 버리기도 하죠. 지금부터 소개할 녀석도 상식 파괴의 주인공입니다.

곤충들은 대부분 따뜻함을 즐깁니다. 온화한 날씨와 풍족한 먹이가 있는 계절에 주로 활동합니다. 그러다가 겨울이 되면 알이나 번데기 또는 애벌레의 형태로 나뭇잎이나 나무껍질 등에 몸을 숨긴 채 월동을 하게 되지요. 추위는 곤충들에게 천적보다도 무서운 적입니다.

그런데 겨울 추위를 마다 않고 등장하는 곤충이 있습니다. 바로 겨울자나방입니다. 녀석은 모든 생명이 사라지고 추위만 남은 듯한 겨울 숲에 모습을 드러냅니다. 짝짓기를 하기 위해서인데, 이처럼 겨울에 짝짓기하는 나방은 겨울자나방과 겨울가지나방뿐입니다. 자나방은 한 뼘 한 뼘 자를 재듯이 기어 다니는 자벌레가 자라서 어른이 된 나방입니다. 물론 자벌레가 모두 겨울자나방이 되는 것은 아닙니다. 대부분의 자나방들은 여느 곤충들처럼 봄부터 가을까지 활동하는데, 그 중 독특하게 겨울에만 나타나는 무리들을 일컬어 '겨울자나방'이라고 부릅니다.

겨울자나방의 가장 큰 특징은 암컷에게 날개가 없다는 것입니다. 어떤 경우에는 날개의 흔적만 남은 녀석들이 있는가 하면, 아예 흔적조차 없는 녀석들도 있답니다. 그래서 겨울자나방 암컷은 당연히 날지 못합니다. 하지만 수컷은 날개가 있어서 멋진 비행 실력을 뽐내며 암컷을 찾아옵니다.

겨울자나방 수컷은 날아다니니까 눈에 잘 띄는 편입니다. 하지만 날개도 없이 철저하게 보호색으로 위장한 채 낙엽이나 나뭇가지에 붙어 있는 암컷을 찾아내기란 여간 어려운 일이 아닙니다. 그러니 암컷을 찾으려면 수컷을 따라다니는 것이 가장 빠르고 쉬운 방법입니다. 수컷은 짝짓기를 위해 늘 암컷을 찾아다니니까요.

암컷을 찾아 모여든 많은 수컷들

무작정 겨울자나방을 찾아 나섰습니다. 지난번에 느티나무 껍질에서 알을 낳고 죽어 있는 자나방 암컷을 발견했던 기억을 떠올리고는 느티나무, 단풍나무, 참나무 등의 활엽수가 우거진 숲으로 달려갔지요. 나방은 밤에 주로 활동하는 곤충이니까 시간도 해질녘에 맞추었습니다.

숲 속에는 어둠이 일찍 내립니다. 해가 지고 어두워지자 여기저기서 수컷들이 날기 시작했습니다. 준비해 간 손

겨울자나방 암컷. 날개가 퇴화되어 흔적만 남아 있습니다.

전등을 켜고 숲길을 따라 걸으면서 살폈습니다. 엄지손가락 한 마디 길이밖에 안 되는 작은 나방이지만 희끗희끗해서 잘 보였답니다.

얼마나 걸었을까요? 한 곳에 언뜻 봐도 서른 마리가 넘는 수컷들이 모여 웅성거리고 있었습니다. 암컷 한 마리를 두고 짝짓기를 하기 위해 이렇게 많은 수컷들이 모여든 겁니다. 날개를 펄럭거리며 바쁘게 왔다갔다하는 등 녀석들의 움직임은 분주했습니다. 암컷에게 먼저 다가가려는 수컷의 성급한 몸짓이지요. 펄럭거리는 날개가 마치 바람에 나부끼는 천조각처럼 아름답게 보였습니다.

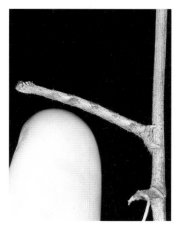

자벌레는 위장술이 매우 뛰어나서 나뭇가지에 붙으면 찾기 힘듭니다.

그러다가 어느 순간, 웅성거림이 딱 그치고 거짓말처럼 정적이 찾아들었습니다. 수컷들의 몸놀림도 활기를 잃고 느릿느릿해졌지요. 급기야는 한 마리 두 마리 자리를 뜨는가 싶더니 그 많던 수컷 모두가 떠나고 말았습니다. 수컷

겨울자나방의 짝짓기 모습.

들이 떠난 자리 한 구석에서 짝짓기에 열중해 있는 겨울자나방 한 쌍을 발견했습니다. 그제서야 수컷들이 갑자기 흥미를 잃고 떠난 이유를 알 것 같았습니다. 암컷이 수컷 한 마리를 짝으로 선택한 순간 나머지 수컷들은 좌절하고 말았던 것이지요.

짝을 이룬 겨울자나방 한 쌍은 밤이 깊어도 떨어질 줄 몰랐습니다. 겨울 추위를 녹이는 그들의 사랑 앞에서 추운 내색을 할 수도 없었지요. 앞으로는 아직 짝짓기를 하지 않은 겨울자나방 암컷을 먼저 찾아서 수컷들을 기다리는 방법을 택하기로 했습니다. 암컷을 찾는 일이 쉽지는 않겠지만, 그렇게 되면 짝짓기 과정을 처음부터 자세히 볼 수 있을 테니까요.

겨울자나방을 찾아보려면 일기예보에 귀를 기울여야 합니다. 겨울이지만 비교적 포근한 날씨, 특히 비나 눈이 오기 전의 습기 많은 날씨라면 가장 좋습니다. 바람이 없고 습도가 높은 포근한 날 밤이면 겨울자나방들이 우르르 몰려나옵니다. 수컷이 떼를 지어 나타나는 것은 암컷이 뿜어내는 페로몬 때문입니다. 흐린 날에는 공기 중의 수증기에 페로몬 알갱이가 달라붙어서 떠다니기 때문에 그 효과가 높고 오래 지속되겠지요.

겨울자나방 암컷의 꽁지에 노란 향수 한 방울이 맺혀 있습니다. 페로몬이라고 하는데, 이로써 수컷들에게 짝짓기 의사를 전달한답니다.

짝짓기 전의 암컷을 발견하다

추위가 주춤하고 비교적 포근한 날이 찾아왔습니다. 짧은 해가 서쪽 하늘로 뉘엿뉘엿 넘어갈 때쯤 지난번 겨울자나방을 보았던 장소로 달려갔습니다. 아니나 다를까, 작은 움직임이 포착되었습니다. 날개도 없는 겨울자나방 암컷이 낙엽 아래에서 기어 나오고 있었던 것이지요. 암컷은 1센티미터도 채 안 되는데다가 은회색 비늘 가루로 온몸을 덮고 있어 웬만해서는 천적들의 눈에 띄지 않을 것 같았습니다. 겨울 숲에는 올빼미나 소쩍새가 귀한 먹잇감을 찾아서 밤을 지키고 있거든요.

나뭇잎을 헤치고 나온 암컷은 주변의 나뭇가지 위로 기어 올라갔습니다. 1미터쯤 올라간 암컷은 바람이 불어오는 반대쪽에 자리를 잡았습니다. 이제 암컷이 할 일은 주변의 수컷들에게 자신의 존재를 알리는 일입니다. 결혼 초대장을 보내는 것이지요.

암컷은 꽁무니를 치켜들었습니다. 그리고는 페로몬을 내뿜습니다. 수컷을 유혹하는 냄새 방울이 바람을 타고 사방으로 흩어집니다. 초대장을 받은 수컷들이 여기저기에

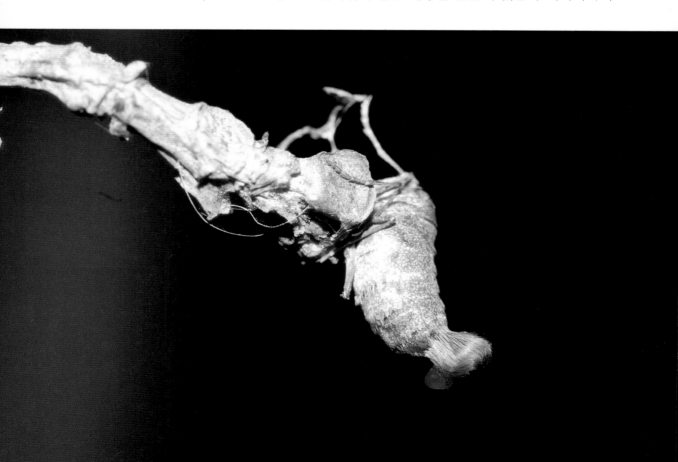

서 모여듭니다. 오직 이 순간만을 기다렸다는 듯 맹렬한 기세로 날아드는 수컷들이 무리를 이룹니다. 수컷은 서두르지 않으면 안 됩니다. 다른 수컷보다 늦게 도착한다면 축복 받은 신랑이 아니라 서글픈 축하객이 되고 말 테니까요.

암컷의 페로몬 냄새를 맡고 수컷 여섯 마리가 모여들었습니다. 암컷의 짝은 과연 누가 될까요?

겨울에 결혼하는 이유

겨울자나방은 왜 짝짓기 시즌을 추운 겨울로 택하게 된 걸까요? 얼핏 생각하면 뭔가 잘못된 것 같지만, 남들과 다르다고 해서 모두가 비정상은 아닙니다. 나름대로 이유가 있을 테니까요. 겨울자나방이 겨울에 짝짓기하는 것도 나름대로는 최선의 선택을 한 결과이겠지요.

곤충의 역사는 인간의 역사보다 훨씬 더 멀리 거슬러 올라갑니다. 곤충의 기준으로 볼 때 인간의 역사는 너무 짧아서 보잘것없는 것처럼 보일 정도입니다. 그 긴 세월을 살아낸 곤충이 어쩌면 생존 본능에서만큼은 우리 인간보다 뛰어날지도 모릅니다.

추측해 보건대, 겨울자나방이 겨울에 짝짓기를 하는 가장 큰 이유는 천적의 눈을 피하기 위해서가 아닐까 싶습니다. 날씨로 인한 제약보다는 천적을 피하는 것이 더 낫다는 결론을 내린 것은 아닐까요? 그것이 겨울자나방이 오랜 세월 동안 살아오면서 터득한 삶의 지혜이자 전략일 것입니다.

지금까지 관찰해 본 결과, 겨울자나방의 활동 기간은 10월부터 이듬해 3월까지입니다. 그 중 가장 추운 동지(12월 22일)부터 입춘(2월 4일)까지는 겨울자나방의 활동이 전혀 없었습니다. 이상 기온이라고 할 만큼 포근한 날에도 그들의 모습을 찾아볼 수 없었습니다. 그리고 보면 동지와 입춘 사이가 이 땅에서 가장 추운 기간이라는 것을 겨울자나방들은 이미 알고 있나 봅니다.

겨울자나방도 대부분의 나방들처럼 밤에 움직이는 야행성 곤충입니다. 그런데 아무리 겨울밤을 좋아하는 녀석들이라고 해도 꽁꽁 얼어붙는 영하의 추위를 견디기는 힘듭니다. 그래서 겨울자나방이 활동하는 시간은 해가 지고 나서부터 약 한 시간 반 정도입니다. 이때가 하룻밤 중에서 가장 기온이 높은 시간대이기 때문이지요.

언젠가부터 겨울자나방 암컷은 비행을 포기하는 쪽으

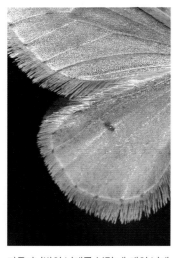

겨울자나방의 날개를 보면 네 개의 날개 끝자락에 자잘한 털술이 있습니다. 이것이 비행 중에 발생하는 소용돌이 소음을 줄여 주는 역할을 하는 것이 아닐까 생각됩니다. 괜히 천적들을 꾀어 들게 할 필요는 없겠지요.

페로몬 냄새를 맡은 수컷이 장애물을 피
하기 위해 앞발을 휘저으며 암컷을 향해
날아갑니다.

얇은날개
겨울자나방의
결혼 비행

① 암컷의 메시지를 기다리는 겨울자나방 수컷.

②~③ 암컷의 메시지를 포착하고는 더듬이를 곤두세운 채 방향을 꼼꼼히 점검합니다. 앞발을 휘저으면서 장애물을 피해 비행합니다.

④ 암컷이 있는 곳에 다다랐습니다.

⑤~⑨ 다른 수컷이 오기 전에 빨리 암컷을 만나야 합니다.

⑩ 드디어 짝짓기를 시작합니다. 그런데 한발 늦은 다른 수컷이 접근합니다.

⑪ 다른 수컷이 방해하고 있지만 뿌리쳐 버립니다.

⑫ 오래도록 사랑을 나눕니다.

⑬ 겨울물결자나방의 짝짓기 모습. 암컷들은 서로 좋은 자리를 차지하기 위해 다툽니다.

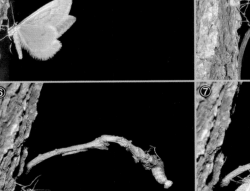

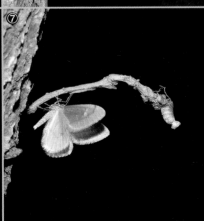

로 진화를 했습니다. 굳이 날개를 사용할 필요가 없어진 것이지요. 암컷은 거추장스러운 날개를 떼어내는 대신, 수컷을 불러들이기로 마음먹었습니다. 짝짓기를 하기 위해 비행을 하다 보면 천적의 눈에 띨 수도 있고 또 다른 예기치 못한 위험에 처할 수도 있을 테니, 그 위험을 수컷에게 지워 버리고 자신은 안전한 방법을 택하기로 한 겁니다. 암컷은 천적들이 눈치챌 수 없는 독특하고 은밀한 방법으로 수컷들에게 연락을 취합니다. 그러면 연락을 받은 수컷들은 위험을 무릅쓰고 달려오지요. 그것이 그들이 선택한 최선의 방법입니다.

추위라는 악조건을 오히려 역으로 이용하여 자손을 퍼뜨리며 대를 이어 가고 있는 겨울자나방의 용기와 결단, 그리고 그들의 현명함에 박수를 보내야 하지 않을까요?

겨울자나방 암컷의 산란 모습. 알무더기 위에 자신의 비늘털로 위장합니다.

반디의 곤충연구실

곤충들은 어떻게 겨울나기를 할까요?

겨울이 되면 곤충들은 움직임을 멈추고 죽음 같은 잠에 빠져듭니다. 사실 말이 좋아 겨울잠이지, 곤충들에게는 지옥 같은 삶의 투쟁이랍니다. 추위에 살아남기 위해 알로, 애벌레로, 또는 어른벌레로 낙엽이며 나무 껍질에 몸을 숨긴 채 숨죽여 겨울을 납니다.

사람과 같은 포유류들은 겨울을 나기 위해 피부에 지방층을 쌓아놓습니다. 물고기도 마찬가지랍니다. 가을 전어가 맛있다고 하는 이유도 차디찬 물 속에서 겨울을 나기 위해 피부 아래에 지방을 알맞게 비축해 놓았기 때문입니다.

그렇다면 곤충들은 어떻게 추운 겨울을 버텨 나갈까요? 곤충들은 겨울나기를 위해 당류를 글리코겐으로 저장하여 체내에 비축합니다. 포도당은 좁은 통로를 지나가기에 가장 적합한 저분자 물질이랍니다. 이것들이 저장될 곳에 모이면 분자가 더 커다란 글리코겐으로 바뀝니다. 추운 겨울에는 몸의 농도를 더 짙게 할 물질들로 쌓아 놓고 오랫동안 꼼짝도 하지 않습니다. 이것은 감자나 고구마와 같습니다. 잎의 광합성으로 만들어진 영양분은 간단한 포도당으로 체관을 통해 줄기 아랫부분으로 내려가지요. 그리고는 곧바로 분자 덩어리가 큰 탄수화물의 형태로 바뀌어 차곡차곡 쌓이는 것입니다. 곳간에 쌀가마가 쌓이듯이 말입니다. 겨울 곤충의 몸에는 동물의 몸에 지방이 쌓이듯 글리코겐이 차례로 축적되어 있는 것이지요.

① 네발나비.
② 왕사마귀의 알집.
③ 묵은실잠자리.
④ 산호랑나비의 번데기.
⑤ 한국땅거미의 겨울나기 그물.
⑥ 호랑거미의 알집.
⑦ 노랑배허리노린재.
⑧ 황오색나비 애벌레.

8

5월의 폭군

길 앞 잡 이

Cicindela chinensis flammifera

- 학 명 : 길앞잡이 (*Cicindela chinensis flammifera*)
- 과 명 : 딱정벌레목 길앞잡이과
- 어른벌레 관찰 시기 : 5월~10월
- 겨울나기 : 2년살이 곤충인데 첫 해에는 애벌레로, 둘째 해에는 어른벌레로 겨울나기를 합니다.

몸 길이 20밀리미터 정도의 곤충으로 매우 화려한 빛깔을 띠고 있습니다. 봄부터 가을까지 관찰할 수 있는데, 5월경에 가장 많은 개체가 나타나며, 6월 이후에는 더위를 피해 풀숲에 들어가기 때문에 발견하기 어렵습니다. 포장이 안 된 산길에서 개미나 늑대거미 등 작은 벌레를 사냥해서 먹습니다. 애벌레는 부드러운 흙에 수직굴을 파고 그 속에 살면서 지나가는 개미 등 작은 곤충을 사냥합니다. 사람들이 산길을 걸을 때면 나타나 길을 앞서 도망다니는 특성 때문에 길앞잡이라는 이름이 붙었습니다.

턱이 발달한 길앞잡이. 포식성이 강한 갑충입니다.

온통 푸른빛으로 물들기 시작하는 5월의 한적한 산길을 걷다 보면, 강아지처럼 촐싹대며 앞서 가는 곤충을 만나게 됩니다. 사람이 가까이 다가오면 훌쩍 날아서 저만치 앞서 가고, 또 사람이 다가오기를 기다렸다가 훌쩍 날아서 저만치 가고……. 약을 올리려는 것인지 길을 안내하겠다는 것인지 모르겠지만, 그런 행동 때문에 붙은 녀석의 이름은 길앞잡이입니다.

길앞잡이는 빨강, 주황, 초록, 하늘색을 온몸에 두르고 있습니다. 색의 강렬함만큼이나 녀석은 매우 충동적이랍니다. 길앞잡이는 난폭한 성질을 타고났습니다. 알에서 깰 때부터 육식을 즐기는 녀석은 어른벌레가 되어서도 여전히 난폭하답니다. 주변을 지나가는 벌레들에게 무턱대고 달려들지요. 그래서 영어로는 길앞잡이를 '타이거 비틀 (Tiger beetle)'이라고 부른답니다.

길앞잡이의 뿌루퉁한 눈은 분을 삭이지 못해 분풀이할 상대를 찾고 있는 것처럼 보입니다. 그러나 한편으로는 자신만만한 모습으로도 보이지요. 험상궂은 저승사자 같기도 하고 외계인 같기도 한 이 녀석에게 나는 '5월의 폭군'이라는 별명을 붙여 줬습니다.

길앞잡이 무리가 사는 곳은 산기슭, 해변이나 갯벌 주변, 그리고 강변입니다. 시멘트나 화학비료가 없는 깨끗한 땅을 좋아하기 때문에 사람들은 길앞잡이를 오염되지 않은 땅의 상징처럼 생각합니다. 길앞잡이 중에서도 특히 비단처럼 아름답고 멋진 무늬를 갖고 있는 무리를 일컬어 '비단길앞잡이'라고 하는데, 옛날부터 이름이 전해져 내려오는 우리의 친숙한 길동무입니다.

따뜻한 햇볕을 즐기는 몸

5월의 한낮 기온은 25℃를 넘어서기 일쑤지요. 약간 땀이 날 정도로 후텁지근한 이런 날씨를 길앞잡이는 반깁니다. 따라서 햇살 좋은 5월 아침에 흙길을 따라 걷다 보면 길앞잡이를 쉽게 만날 수 있습니다.

오전 10시가 넘으면 여기저기서 튀어나온 길앞잡이들이 한껏 몸을 낮추어 햇볕을 더 받으려고 애쓰는 모습을 볼 수 있습니다. 어떤 녀석들은 아예 다리를 쭉 뻗고 엎드린 채로 일광욕을 한답니다. 길앞잡이가 이런 행동을 하는 이유는 이들의 특이한 몸 구조 때문입니다. 앞에서 언급한 것처럼 곤충의 몸은 로봇처럼 단단한 껍질로 싸여 있는데, 이것을 가리켜 외골격이라고 합니다. 특히 낮에

온도에 따른 길앞잡이 몸의 각도. 길앞잡이는 따뜻한 햇볕을 좋아합니다. 그러나 햇볕이 뜨거워 몸의 온도가 너무 올라가게 되면 몸을 곧추세워 햇볕을 받는 면적을 줄이는 행동을 합니다(위). 반면 몸의 온도가 낮으면 햇볕을 더 받기 위해 땅에 납작 엎드려 있습니다(아래). 길앞잡이의 몸은 체온을 낮추기에 효과적으로 진화했습니다. 다리가 몸을 세우기 알맞을 정도로 충분히 긴데다가 몸 아랫부분에 잔털이 있어서 몸의 열기를 내보내기 좋게 되어 있지요.

길앞잡이가 앞을 지나던 개미를 잡아먹고
있는 모습입니다.

사냥하는 곤충들은 체온을 높여야만 몸을 제대로 움직일
수 있답니다. 햇볕으로 몸을 데운 길앞잡이는 사냥길에 나
섭니다. 비포장 도로변에는 그들의 먹잇감이 널려 있습니
다. 늑대거미를 비롯해 작은 벌레들은 모두 길앞잡이의 표
적이 됩니다.

사나운 길앞잡이 애벌레

길앞잡이는 2년생 곤충입니다. 작년 6월에 낳은 알이
올해 8월이면 어른벌레로 태어납니다. 그러나 어른벌레가
되었다고 곧바로 땅 위로 나오는 것은 아닙니다. 땅 속에
서 그해 겨울을 지내고 이듬해 5월에야 나타납니다. 그리
고 짝짓기를 해서 알을 낳은 후에 생을 마감합니다.

길앞잡이는 어른벌레만 난폭한 것이 아닙니다. 애벌레
또한 난폭하기로는 둘째가라면 서러운 놈들이지요. 특히
개미들에게 있어서 길앞잡이 애벌레는 가장 무서운 천적
입니다. 오죽하면 '개미귀신'이라는 별명까지 붙었을까요.

굴 속에 숨어 있습니다.

먹이 사냥을 위해 머리를 내밀었습니다.

구멍 속의 애벌레를 보기 위해서는 약간의 인내가 필요합니다. 사람이 다가가면 땅 울림을 통해 알아차리고는 구멍 속으로 쏙 들어가 버리거든요. 그러나 구멍 근처에 앉아 가만히 숨죽여 기다리면 다시 빠끔히 머리를 내미는 애벌레를 관찰할 수 있습니다.

길앞잡이 애벌레가 개미를 사냥하는 모습.

강변 모래사장에서 길앞잡이 애벌레를 관찰하고 있습니다.

5월 말이 되면, 알에서 깨어난 개미귀신은 3센티미터 정도 깊이의 굴에서 머리만 살짝 내놓고 사냥감이 지나가기를 기다립니다. 이것이 개미귀신의 사냥법입니다. 봄부터 가을까지 이런 방법으로 사냥을 합니다. 몸집이 커지면 좀 더 깊이 굴을 파고 들어가면 그만입니다. 그러다가 가을이 지나 찬바람이 불기 시작하면 지나다니는 사냥감도 없어지고 개미귀신도 동면에 들어갑니다. 굴 입구 조금 아래에 돌 조각을 걸쳐 놓으면 출입구는 곧 폐쇄되고 이로써 월동 준비는 끝납니다.

계절은 어김없이 돌아와 어느덧 4월. 또다시 봄비가 내려 대지를 촉촉이 적시면 긴긴 겨울잠에서 깬 개미귀신은 굴 입구에 걸쳐 두었던 돌 조각을 걷어내고 터널 수리 공사를 합니다. 그런 다음 머리만 살짝 내밀고는 지나가는 개미를 기다리지요.

폭군의 사랑

길앞잡이의 짝짓기 장면을 처음 본 것은 송홧가루가 노랗게 날리던 때였습니다. 밭둑길을 따라 앞서거니 뒤서거니 녀석들과 실랑이를 벌이다가 땅바닥에 낮게 엎드린 채 접근해 갔습니다. 제대로 곤충 관찰을 하려면 이 정도 굴욕적인 자세는 각오해야 합니다. 마침 눈앞에 길앞잡이 암컷 한 마리를 발견했습니다. 미세한 송홧가루가 울긋불긋한 문양의 껍질 표면에 드문드문 달라붙은 것으로 보아, 길앞잡이 껍질은 완전히 매끈한 것이 아니라 약간 오돌토돌한 것 같았습니다.

잠시 후 암컷 곁으로 수컷 한 마리가 날아왔습니다. 길앞잡이 수컷은 암컷에 비해 턱이 유난히 희기 때문에 한눈에도 쉽게 구분할 수가 있답니다. 수컷은 대뜸 암컷 위에

길앞잡이의 사랑

① 길앞잡이 수컷
② 길앞잡이 암컷
③ 길앞잡이 수컷이 암컷을 발견하고는 난데
　없이 달려들어 암컷의 등가슴 아랫부분을
　덥석 물어 버립니다.
④~⑤ 암컷이 발버둥치지만 등에 매달린 수
　컷이 놓아 주지 않습니다.
⑥ 길앞잡이 한 쌍의 사랑.

올라타 등가슴을 물었습니다. 가위처럼 생긴 큰턱이 여기에 딱 들어맞았습니다. 암컷은 마치 포획 당한 먹잇감처럼 옴짝달싹할 수도 없었지요.

짝짓기를 할 때 대부분의 곤충 수컷들은 암컷에게 잘 보이려고 주위를 돌며 온갖 아양을 떨어 댑니다. 비단 곤충뿐만이 아니라 사람을 비롯한 거의 모든 동물이 다 마찬가지입니다. 짝을 선택할 권리가 암컷에게 있기 때문이지요. 그런데 녀석은 달랐습니다. 아양을 떨기는 커녕 금방이라도 암컷을 잡아먹을 듯이 덤벼들었지요. 이런 경우를 두고 "세 살 버릇 여든까지 간다"고 했나 봅니다. 애벌레 시절부터 몸에 밴 난폭한 성질이 가장 아름다워야 할 결혼식에서조차 여지없이 발휘된 것이겠지요.

이런 난폭함은 어떤 암컷도 좋아할 리 없답니다. 뒷발로 차서 떼어 버리려고 애쓰지만 등에 매달린 수컷을 떨치기는 어렵습니다. 제풀에 지친 암컷이 잠잠해지자 수컷이 암컷의 몸에 자신의 유전자를 전합니다. 곤충이 짝짓기하는 기관을 교미기라고 하는데 이것은 마치 자물쇠 – 열쇠의 관계와 같아서, 다른 종끼리는 교미가 이루어지지 않는다고 합니다. 이 또한 오묘한 자연의 이치이지요.

▲ 폐염전에 가면 여러 종류의 길앞잡이 애벌레 구멍을 만날 수 있습니다(맨 위).

▲ 개미귀신의 수직 동굴을 파서 옆 모습을 살펴보았습니다. 애벌레의 등에 난 가시 같은 돌기로 굴의 벽면에 의지한 채 버티고 있습니다(가운데, 아래).

터널 입구를 봉하는 시간

땅 속으로 수직 터널을 뚫고 살아가는 개미귀신은 비가 오는 날은 어떻게 할까요? 터널 속에 물이 차지나 않을까요? 그리고 개미귀신은 언제쯤 번데기가 될까요? 길앞잡이에 대해 궁금한 것이 너무 많았습니다. 그리고 그 궁금증은 곧 나를 밖으로 불러냈습니다.

비가 오는 날이었습니다. 빗방울에 작은 흙 알갱이가 튈 정도로 제법 비가 내렸지요. 개미귀신의 굴이 있는 곳으로 가서 살펴보니, 입구가 흙 부스러기로 조금 막히긴 했지만 빗물이 스며들고 있었습니다. 그래도 굴이 완전히 물에 잠길 정도로 꽉 차지는 않았습니다. 그제야 개미귀신들이 물빠짐이 좋은 땅을 골라 집을 짓는다는 사실을 알 수 있었습니다.

개미귀신을 관찰한 지도 몇 달이 지났습니다. 6월도 중순이 지났으니 곧 장마철이 시작되겠지요. 그때쯤 개미귀신들의 터널에 문제가 생겼습니다. 녀석들이 하나 둘 터널 입구를 닫는 게 아니겠습니까. 이렇게 되면 더 이상 녀석들을 관찰할 수가 없으므로 다른 방법을 찾아야 했습니다.

터널 몇 개를 파서 개미귀신 세 마리를 잡았습니다. 녀석들을 집으로 가져와서는 빈 화분에 흙을 다져 넣고 그림붓 꽁무니로 살짝 찔러 구멍을 낸 다음 그 속에 개미귀신 한 마리씩을 넣어 두었습니다. 밤이 되자 개미귀신들은 조용히 토목공사를 벌였습니다. 흙을 파서 굴 밖으로 내던지며 아래쪽으로 파 내려갔습니다. 자신의 몸에 맞게 안전한 깊이까지 계속 파 들어가는 것이겠지요. 아마도 화분 바닥

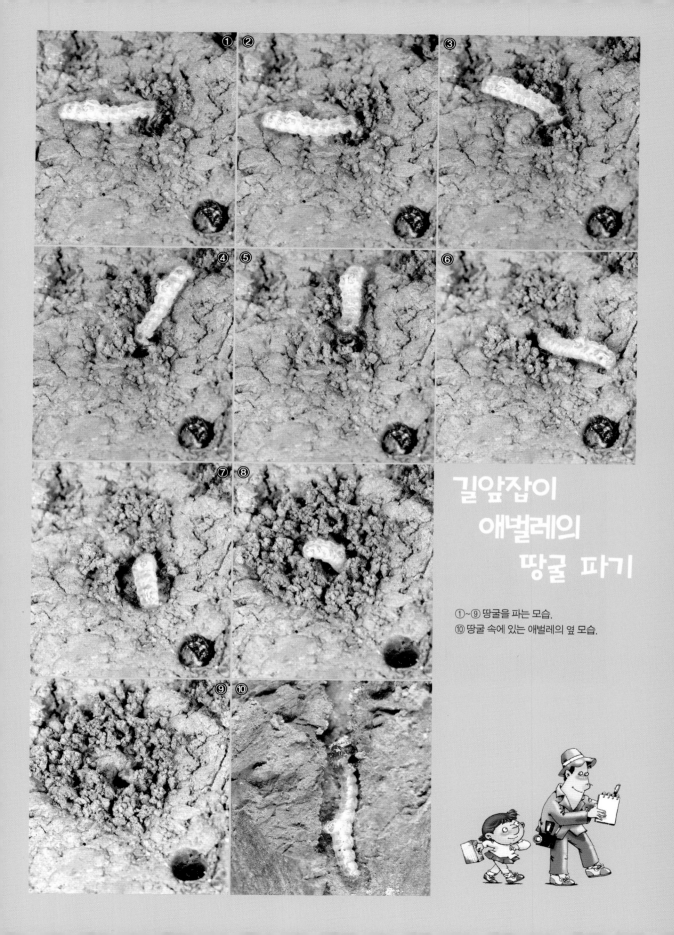

길앞잡이 애벌레의 땅굴 파기

①~⑨ 땅굴을 파는 모습.
⑩ 땅굴 속에 있는 애벌레의 옆 모습.

까지 내려간 듯했습니다. 그리고는 야외에서처럼 굴 입구를 막았습니다. 비가 오지 않아도 장마철이 되면 본능적으로 그렇게 하는 것 같았습니다.

7월 말이 되어도 화분에서는 기척이 없었습니다. 혹시나 싶어서 밖에 나가 봤더니 야외의 터널이 있던 자리에는 어디가 입구인지 전혀 분간할 수 없을 정도가 되었습니다. 궁금증을 이기지 못해 화분을 파헤쳐 보기로 했습니다. 화분을 뒤집어 흙을 쏟았지요. 그런데 이게 웬일입니까? 화분 바닥에 있는 것은 애벌레가 아니라 이제 막 허물을 벗은 하얀 번데기였습니다! 등에는 가시가 돋은 모습이 꼭 앙증맞은 외계인처럼 보였답니다.

영악한 길손 친구

무섭게 생긴 외모나 난폭한 성질과는 달리 길앞잡이는 허풍쟁이의 면모도 가지고 있습니다. 무시무시하게 생긴 큰턱은 물리면 아플 것 같지만 전혀 그렇지 않습니다. 보기에 무섭기만 할 뿐, 아프게 물지도 못합니다.

길앞잡이는 또한 놀랍도록 영악합니다. 길앞잡이는 길에서 사람을 만나면 한바탕 훌쩍 날아서 저만치 앞길에 내려앉습니다. 이때 길앞잡이는 사람이 다가오는 방향을 향해 앉습니다. 한 번쯤은 등을 보이고 앉지 않을까 싶어, 백 번도 넘게 달려가 확인하고 또 확인했지만 언제나 똑같은 모습이었지요. 실수로라도 등을 보이고 앉은 적은 단 한 번도 없었습니다. 왜 그럴까요?

여기에도 심오한 과학의 원리가 적용됩니다. 사람이 걸

길앞잡이 번데기 모습입니다. 외계인이 이렇게 생겼을까요?

어갈 때는 비스듬한 각도로 땅을 내려다봅니다. 그러므로 등을 보이고 앉으면 단위면적이 넓어지고 화려한 무늬 때문에 사람의 눈에 잘 띄겠지요. 앞을 보고 있어도 바짝 엎드려 있다면 역시 마찬가지일 것입니다. 그래서 길앞잡이는 앞을 향한 상태에서 머리를 들어 사람이 내려다보는 각도와 자신의 몸이 평행이 되게 하는 것이지요. 이럴 경우 보이는 면적이 가장 작아져서 실제 몸 전체 면적의 3분의 1 정도로 줄어들게 됩니다.

이 영악한 길손 친구는 각도와 면적만 계산할 줄 아는 것이 아닙니다. 길앞잡이와 달리기를 하면 누가 이길까 싶어 흙길을 내달려 본 것도 한두 번이 아닙니다. 그런데 녀석들은 힘이 빠져 따라잡힐 만하면 길옆으로 비켜나 버립니다. 괜히 나만 머쓱해지고 말지요.

길앞잡이 등딱지의 화려한 무늬는 천적의 눈에 잘 띌 것 같지만, 정작 나뭇잎에 붙으면 금세 훌륭한 보호색이 됩니다. 봄여름의 나뭇잎이라고 해도 온통 초록색만으로 이루어진 것은 아닙니다. 자세히 들여다보면 붉은색도 있고, 갈색도 있고, 검은색도 있어서 마치 색동옷과도 같습니다. 그러니 녀석들의 화려함이 곧 보호색이 되는 것이지요.

5월! 그 신록의 계절에 한적한 흙길을 한번 걸어 보세요. 어디선가 길앞잡이가 나타나 여러분의 친구가 되기를 먼저 청해 올 것입니다. 그러면 생김새가 험상궂다고 놀리지 말고 미소로 맞아 주세요. 우리가 자연을 훼손하지 않는다면, 귀여운 폭군이자 영악한 허풍쟁이인 길앞잡이는 영원히 우리의 친구로 남을 테니까요.

달아나는 길앞잡이가 등을 보이고 앉아 있으면 사람들 눈에 훨씬 잘 띌 것입니다. 그러나 길앞잡이는 항상 사람이 오는 방향을 보고 앉습니다.

반디의 곤충연구실

길앞잡이 종류를 알아볼까요?

우리나라에는 19종의 길앞잡이가 있는 것으로 알려져 있습니다. 그러나 일부 종은 몇 해 전을 마지막으로 더 이상 관찰되지 않고 있습니다. 사람들이 유원지나 도로를 개발했기 때문이지요. 그렇지만 올해 새로운 종이 발견되기도 했습니다. 반가운 일입니다.

길앞잡이는 딱지날개의 무늬를 보면 쉽게 구분할 수 있습니다.

① 깔따구길앞잡이

② 강변길앞잡이

③ 꼬마길앞잡이

④ 무녀길앞잡이

⑤ 산길앞잡이

⑥ 아이누길앞잡이

⑦ 참길앞잡이

⑧ 큰무늬길앞잡이

⑨ 화홍깔따구길앞잡이

9

곡예 비행의 로맨스

호 랑 나 비

Papilio xuthus

- 학 명 : 호랑나비 (*Papilio xuthus*)
- 과 명 : 나비목 호랑나비과
- 어른벌레 관찰 시기 : 5월~10월
- 겨울나기 : 번데기

호랑나비는 나비 무리 중에서 우리에게 가장 친숙한 곤충입니다. 크고 화려한 날개를 가지고 있으며, 5월부터 10월까지 햇볕이 강한 날에 쉽게 만날 수 있습니다. 어른벌레는 꽃에 앉아 꿀을 빨지만, 애벌레는 대부분 운향과 식물의 잎을 먹고 자랍니다. 1년에 서너 차례 발생하며 지역과 날씨에 따라 성장 속도도 다릅니다. 완전변태하는 곤충으로, 사람과 달리 자외선을 볼 수 있는 것으로 알려져 있습니다.

사람들에게 가장 인기 있는 곤충을 꼽으라면 단연 나비가 첫 손가락에 들 것입니다. 날개에 새겨진 아름다운 무늬며 색깔들, 그리고 우아한 날갯짓에 매료되지 않는 사람은 없을 테니까요.

언제부터인가 사람들은 청춘 남녀의 상징으로 꽃과 나비를 떠올립니다. 이도령이 춘향을 찾아가는 장면을 두고도 나비가 꽃을 찾는다고 하지요. 그만큼 꽃과 나비는 사랑에 빠진 선남선녀의 대명사가 되었습니다. 그런데 사실은 꽃과 나비는 서로를 사랑하지 않습니다. 꽃은 꽃끼리, 나비는 나비끼리 서로 사랑할 뿐이지요. 꽃은 나비를 사랑하는 것이 아니라, 나비를 이용해 자신의 사랑을 이루려고 한답니다. 그리고 나비는 꽃들의 사랑이 이루어지도록 도와줄 뿐만 아니라, 자신들만의 멋진 로맨스를 갖고 있답니다.

지금은 겨우 이름만 남았지만, 우리의 아름다운 세시풍속 중에 단오(端午)가 있습니다. 양력 5월 5일이 어린이 날

이라면, 음력 5월 5일은 단오입니다. 바야흐로 여름으로
가는 길목이자 '사랑의 계절'의 시작을 알리는 날이랍니다.
춘향과 이도령이 광한루에서 처음 만난 것도 단오이지요.
나비들에게도 이 무렵부터 본격적인 사랑의 계절이 시작
된답니다.

　나비의 짝짓기 장면은 우리 눈에 쉽게 띄지 않습니다.
비행의 달인들답게 구애도 공중을 날면서 하기 때문에, 나
풀거리는 날갯짓에 가려 좀체 자세히 볼 수가 없답니다.
그러나 장면 장면을 사진으로 담아 놓고 찬찬히 살펴보면
구체적인 동작들이 나타납니다.

비행술의 지존

　나비 중에서도 가장 멋지고 인기 있는 녀석은 호랑나비
이지요. 호랑나비과(科)의 나비들은 모두 큼직한 날개를
가지고 있습니다. 그래서 좀처럼 내려앉지 않고 줄기차게

노랑나비 구애 비행을 사진으로 담고 있
는 모습.

지구상에는 많은 나비가 있습니다. 워낙
많아서 헤아리기 힘들 지경이지만, 우리
나라에 서식하는 나비는 250여종 가량
이라고 알려져 있습니다.

호랑나비의 종류와 그 애벌레

① 긴꼬리제비나비
② 긴꼬리제비나비 애벌레
③ 꼬리명주나비
④ 꼬리명주나비 애벌레
⑤ 애호랑나비
⑥ 애호랑나비 애벌레
⑦ 제비나비
⑧ 제비나비 애벌레
⑨ 산호랑나비
⑩ 산호랑나비 애벌레
⑪ 모시나비
⑫ 모시나비 애벌레
⑬ 붉은점모시나비
⑭ 붉은점모시나비 애벌레
⑮ 사향제비나비
⑯ 사향제비나비 애벌레

비행을 계속할 수 있지요. 게다가 커다란 날개를 가진 곤충들은 장애물을 피하고자 하는 습성이 있습니다. 날개를 다치지 않기 위해서인데, 이것은 마치 좋은 옷을 입은 사람이 가시밭길을 피하는 것과 같은 이치이지요. 따라서 호랑나비도 장애물이 없는 탁 트인 곳을 좋아합니다.

호랑나비에 관한 오래 전의 관찰 기록을 찾아보았습니다. 9월에 야산 능선에 있는 작은 공터에서 호랑나비를 관찰한 기록입니다. 바위에 앉아 1시간 30분 동안 관찰한 결과 약 3~5분 간격으로 총 23마리의 호랑나비가 공터 위를 날았습니다. 그리고 녀석들의 비행 항로를 기록한 결과 전부가 똑같은 길로 지나간다는 것을 알 수 있었지요. 아마도 비행기처럼 일정한 항로가 있는 듯했습니다.

꽃밭에서 열리는 사랑의 축제

호랑나비의 사랑은 보통 꽃밭에서 시작됩니다. 단오 무렵이면 주위에 꽃들이 만발하지요. 날씨가 땀이 날 정도로 후텁지근해지고 햇살이 환한 날이면 밀원식물 곁에서 호랑나비를 기다려 보세요. 특히 자귀나무나 익모초 꽃이 핀 곳이라면 안성맞춤이지요.

호랑나비에게는 달콤한 꿀물이 중매쟁이가 된답니다. 그렇다고 해서 남자가 여자에게 초콜릿을 주면서 환심을 사듯이 암컷에게 꿀물을 갖다 바치는 것은 아닙니다. 다만 꿀이 있는 꽃 주변을 어슬렁거리며 암컷을 기다리는 것이지요. 암컷들이 배를 채우기 위해 곧 그곳에 나타날 테니까요.

*밀원식물이란 나비나 벌 등의 먹이가 되는 꿀을 만들어 내는 식물을 말합니다. 호랑나비는 대부분 꽃에 앉아서 꿀을 빨아 먹습니다(위 사진은 작은멋쟁이나비와 식물).

사람의 눈에 대해서 좀더 알아볼까요? 사람은 눈의 망막에 길쭉한 감광세포(感光細胞)가 있습니다. 이 감광세포에는 로돕신(rhodopsin)이라는 색소단백질이 있습니다.

영화관에 들어갔다고 합시다. 영화 상영 시간을 조금 지나서 들어갔더니 도무지 앞을 볼 수 없습니다. 이때 눈에서는 어두운 곳을 잘 볼 수 있도록 레티날(retinal)과 옵신(opsin)을 결합시킵니다. 그러면 잠시 후 어두운 곳에서도 웬만큼 잘 보게 된답니다. 반대로 영화관을 나올 때는 눈이 부셔서 잠시 머뭇거린답니다. 이때 눈은 앞에서 결합시킨 것을 다시 원래대로 분리해 놓습니다. 즉 로돕신은 밝은 곳에서는 레티날과 옵신으로 나눠지고 어두운 곳에서는 한데 결합되는 것이지요. 그런데 사람의 이 로돕신은 파장이 498nm인 초록빛을 잘 흡수한다고 합니다. 초록빛은 가시광선의 한가운데 영역이지요. 사람이 가시광선의 영역을 잘 보는 이유이지요.

호랑나비가 좋아하는 꽃은 산과 들판이 인접한 곳에 많습니다. 7월에는 비단 부채처럼 고운 자귀나무 꽃이 호랑나비들을 불러들입니다. 정원에 핀 참나리, 원추리 등도 호랑나비가 좋아하는 꽃입니다. 8월이면 익모초의 분홍빛 꽃이 호랑나비들을 유혹하지요.

여느 곤충들처럼 호랑나비도 수컷이 암컷에 비해 몸집이 작습니다. 수컷의 몸은 희끄무레한 바탕에 검은 띠가 둘러져 있고 하늘색의 광채가 납니다. 반면에 암컷은 광택이 없고 암갈색에 어두운 빛이 돕니다. 천적으로부터 자신을 보호하기 위해 수수한 옷을 걸친 셈이지요.

그러면 호랑나비는 어떤 방법으로 자신의 짝을 찾을까요? 앞서 살펴본 긴꼬리는 수컷이 소리를 냄으로써 암컷에게 자신의 존재를 알렸습니다. 겨울자나방은 암컷이 페로몬을 분비하여 수컷을 불러들였지요. 호랑나비는 과연 어떻게 할까요? 그렇습니다. 사람처럼 눈으로 보고 짝을 찾는답니다.

그러나 나비의 눈은 사람의 눈과는 다르답니다. 사람이 볼 수 있는 광선을 '가시광선(可視光線)'이라고 합니다. 이

광선을 프리즘에 통과시키면 빨강, 주황, 노랑, 초록, 파랑, 남색, 보라색의 일곱 빛깔 무지개 색이 나타나지요. 이때 빨강의 바깥쪽에 있는 빛을 적외선(赤外線)이라고 하고, 보라색 바깥쪽을 자외선(紫外線)이라고 한답니다. 나비의 눈은 바로 이 자외선 영역을 볼 수 있는 능력을 가졌습니다. 그래서 나비는 사람이 볼 수 없는 색까지 볼 수가 있다는군요.

나비의 날개를 자세히 들여다보면 비늘처럼 생긴 인편(鱗片)들이 마치 한옥의 기와지붕 모양으로 덮여 있습니다. 이 인편에는 프테리딘(Pteridine)류라는 물질이 들어 있는데, 이 물질은 가시광선 영역에서는 보이지 않지만 자외선 영역에서는 뚜렷하게 나타납니다. 나비들은 자외선 영역에서 이 물질을 보고 배우자를 찾는 것이지요.

그런데 화학 용어를 동원해 가며 설명하려니 너무 어려워 보일까봐 걱정입니다. 그래서 간단한 실험을 통해 호랑나비가 색깔을 구분하는지 여부를 알아볼 수 있습니다.

일단 날씨가 맑은 날 호랑나비가 많이 모이는 곳으로 갑니다. 붉은색 헝겊을 준비해서 호랑나비가 지나다니는 길목에 걸어 두면, 잠시 후 수컷들이 나타납니다. 그리고는 어김없이 다가와 천 조각을 꼼꼼히 살피다가 툭툭 건드려 보기도 합니다. 그리고 지금까지 수차례 조사해 본 결과 호랑나비는 백일홍 등 붉은 계통의 꽃에 즐겨 앉는 것으로 확인되었습니다. 호랑나비가 모든 색깔을 구분하는지는 확실치 않지만, 붉은색을 특히 좋아하는 것만은 틀림없습니다.

나비 날개의 인편을 확대 촬영한 사진입니다. 지붕의 기와처럼 날개를 덮고 있습니다.

수컷의 구애 방법

호랑나비 수컷은 일단 암컷을 보면 다짜고짜 뒤쫓기 시작합니다. 빠른 속도로 줄기차게 따라다니며 별의별 수단을 다 동원해 구애를 합니다. 새침한 암컷이 관심 없다는 듯이 나풀나풀 날아다니면, 그 뒤를 따르는 수컷은 모든 다리를 앞으로 쭉 내밀기도 하고 돌돌 말린 입을 길게 내뻗기도 하며 암컷의 관심을 끌어 보려고 무던히 노력합니다.

수컷의 애처로운 구애 노력이 한참 동안 계속되고, 마침내 노력이 결실을 맺기 시작합니다. 암컷이 허공에서 퐁당퐁당거리면 수컷도 암컷을 따라 퐁당 비행을 합니다. 한동안 암수가 사이좋게 퐁당퐁당 날다가 이윽고 암컷의 승낙이 떨어졌지요. 암컷이 먼저 신호를 보내며 나뭇잎 위에 사뿐히 내려앉으면, 수컷도 뒤이어 암컷에게 내려앉으면서 서로 꽁무니를 맞대고 사랑을 나누기 시작합니다.

곤충의 세계에서는 대개 수컷보다 암컷의 역할이 큽니다. 호랑나비는 몸집도 수컷보다 암컷이 훨씬 크지요. 나뭇잎을 잡고 매달리는 것도 암컷의 몫입니다. 수컷은 그저 암컷의 꽁무니에 붙어 물구나무를 선 것처럼 허공에 매달려 있습니다. 호랑나비는 이런 자세로 30분 이상을 버팁니다. 누군가 이들의 사랑을 방해하지만 않는다면 말입니다. 이따금 아직도 짝을 찾지 못한 노총각 호랑나비가 이들을 슬며시 엿보고 갑니다. 혹시라도 아직 결혼식을 치르지 않았다면 신부를 낚아챌 심산이겠지요.

호랑나비 암컷은 아직 짝짓기를 하지 않은 경우라면 이처럼 수컷과 정겹게 날며 구애를 받아들이지만, 이미 짝짓

수컷은 암컷의 앞으로 가 자신의 몸을 보여주면서 살랑살랑 비행을 합니다.

기를 끝낸 경우라면 날갯짓을 빠르게 하여 횅하니 옆으로 비켜납니다. 마치 "시간 낭비 말고 딴 데 가서 알아봐요!" 라고 말하는 듯합니다. 특히나 암컷이 꽁무니를 치켜들고 있으면 그것은 자신이 이미 결혼한 몸이라는 표시입니다. 이처럼 나비들도 짝짓기 과정에서 분명한 메시지를 주고 받는다니 놀랍지 않나요?

짝짓기 중인 호랑나비 암컷은 수컷의 무게까지 감당하며 나뭇잎에 힘겹게 매달립니다. 그러면서 수컷의 유전자를 자신의 뱃속에 있는 정자낭에 차곡차곡 쌓아 둡니다. 그리고 며칠 뒤 알을 낳을 때 이것을 하나하나 꺼내어 알 속에 넣으며 수정할 것입니다.

냄새까지 맡는 호랑나비

짝짓기를 마친 호랑나비 암컷이 알을 낳기 위해 찾는 식물은 대개 향이 매우 진한 나무들입니다. 귤나무, 탱자나무, 산초나무, 황벽나무 등과 같이 향이 진한 식물을 가리켜 식물학자들은 운향과(芸香科) 식물이라고 합니다. 귤나무의 어린 새싹을 손끝으로 문지르면 금세 향긋한 냄새가 주변에 퍼질 겁니다. 만약 여러분 집에 귤나무가 있다면 여름날 바깥에다 내놓아 보세요. 운이 좋으면 호랑나비가 알을 낳으러 올지도 모릅니다.

호랑나비 암컷은 알 낳을 이파리를 세심하게 살핍니다. 먼저 앞다리로 두세 번 톡톡 건드려 봅니다. 그리고는 앞다리종아리마디에 있는 억센 털로 연약한 잎 표면을 찌릅니다. 그러면 운향과 식물 특유의 독특한 향이 납니다. 냄

호랑나비 암컷은 짝짓기 즉시 알을 수정하는 것이 아니라 정자낭에 정자를 보관하였다가 알을 낳을 때 수정을 합니다. 수정 전에 임시로 정자를 보관해 놓는 곳을 정자낭이라 하는데 여러 곤충들이 이 정자낭을 가지고 있습니다.
(위 사진은 애호랑나비 암컷의 배에 매달린 수태낭. 다른 수컷과 짝짓기하는 것을 막기 위한 장치입니다.)

긴꼬리제비나비의 구애 모습. 암컷에게
잘 보이려고 날개를 펼쳐 자랑합니다.

겨울나기를 하고 있는 산호랑나비 번데
기.

새 입자는 곧 앞다리종아리마디에 있는 후각 기관으로 스
며듭니다.

냄새를 통해 애벌레가 먹을 만한 식물이라고 판단되면,
호랑나비 암컷은 이파리에 노란 알 한 개를 낳습니다. 촉
촉한 알은 접착제로 붙이기라도 한 것처럼 이파리에 착 달
라붙습니다. 그리고는 서서히 알 표면이 단단해집니다.

알에서 갓 깨어난 애벌레는 곧바로 식물의 잎을 먹지 않
습니다. 사람 아기가 밥을 먹기 전에 이유식을 먹듯이, 곤
충의 아기들도 이유식을 합니다. 호랑나비 애벌레의 이유
식은 바로 자신의 알껍데기랍니다. 애벌레가 알껍데기를
갉아먹는 데는 두 가지 이유가 있습니다. 하나는 흔적을
없앰으로써 자신을 천적들로부터 보호하기 위해서이고,
또 하나는 앞서 말한 대로 이유식을 하기 위해서입니다.
식물의 거친 섬유질을 소화하기 위해 미리 부드러운 수프
를 먹어 두는 것이지요.

제비나비의 구애 비행.

애벌레의 시기가 끝나면 이제 번데기로 탈바꿈할 시간입니다. 5령의 애벌레는 맞춤한 자리를 찾아 어슬렁거리다가 한 곳에 자리를 잡고는 번데기로 변합니다. 마치 속옷을 벗듯이 얇은 껍질을 아래로 밀어 내리면서 서서히 번데기로 탈바꿈을 한답니다.

이제는 날씨가 좋아지기만 기다리면 됩니다. 날씨 조건만 맞아 준다면 2주가 조금 못 되어 예쁜 호랑나비가 태어날 테니까요. 오랜 시간 동안 애벌레와 번데기로 지내면서 온갖 시련과 역경을 이겨낸 것은 멋진 나비가 되어 사랑 비행을 하기 위해서입니다. 멋진 날개만큼이나 멋진 사랑이 또 그들을 기다리고 있겠지요. 시간이 멈추지 않는 한 그들의 아름다운 로맨스는 계속될 것입니다

반디의 곤충연구실

애벌레가 번데기로 바뀌는 모습을 볼까요?

　종령 애벌레가 번데기로 모습을 바꾸기 위해 자리를 잡았습니다. 실크를 토해 안전띠를 몸에 두르고는 한동안 꼼짝도 않고 있습니다. 꼬리 끝 부분이 찍찍이라고 하는 벨크로처럼 변해서 실크 안전띠와 벨크로 부분이 몸 전체를 지탱해 줍니다.

① 자리를 잡았습니다. 이 상태로 한동안 꼼짝도 않고 있습니다.

② 몸 빛깔이 허옇게 변했습니다.

③~⑩ 서서히 몸이 변해 갑니다. 애벌레 시절의 얇은 허물이 옷을 벗는 것처럼 아래로 벗겨집니다.

⑪ 번데기 모습으로 완전히 바뀌었습니다.

⑫ 주위와 어우러지도록 번데기의 색이 차츰 변합니다.

곤충 애벌레가 허물을 한 번 벗는 것을 1령이라고 한답니다. 나비가 되기 위해선 5령이 되어야 하지요. 호랑나비의 1령 애벌레는 모양새가 새들의 똥과 비슷합니다. 그래서 애벌레가 움직이지 않는다면 웬만해선 새들에게 들킬 염려가 없습니다. 이들은 낮에는 쉬고 밤에는 조심스럽게 이파리를 갉기 시작한답니다.
새똥 모양의 생김새는 4령까지입니다. 5령이 되어서는 연두색에 띠무늬가 있는 아름다운 애벌레로 모습이 바뀌지요. 그러나 예쁜 모습과는 달리 녀석들의 이마에 '취각'이라는 Y자 형태의 노란색 가지 뿔이 있어 이곳에서 지독한 냄새를 풍깁니다. 이 냄새를 맡아본 사람들은 두 번 다시 애벌레를 건드리려고 덤비지 않지요.

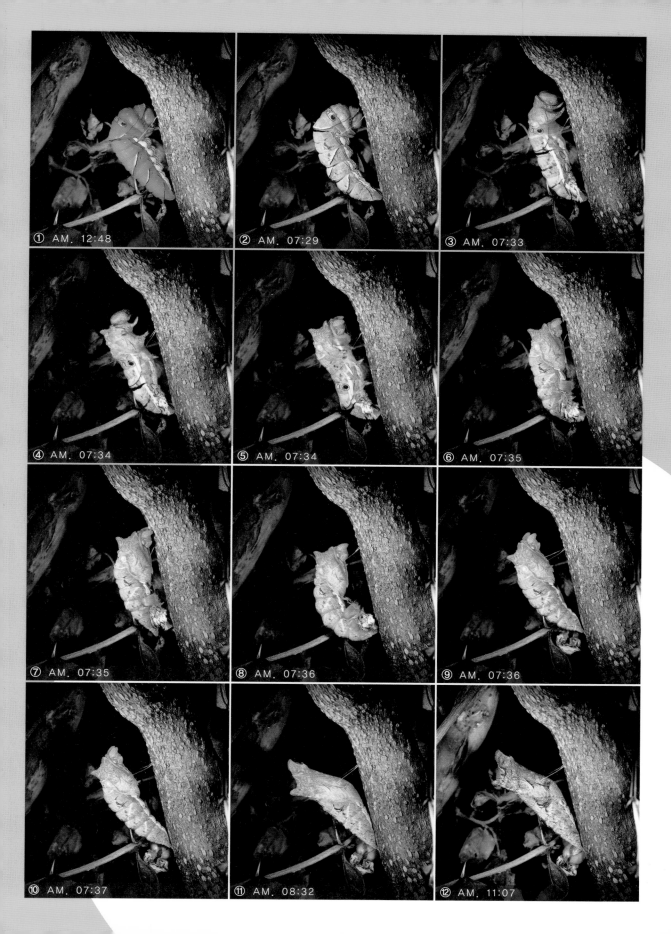

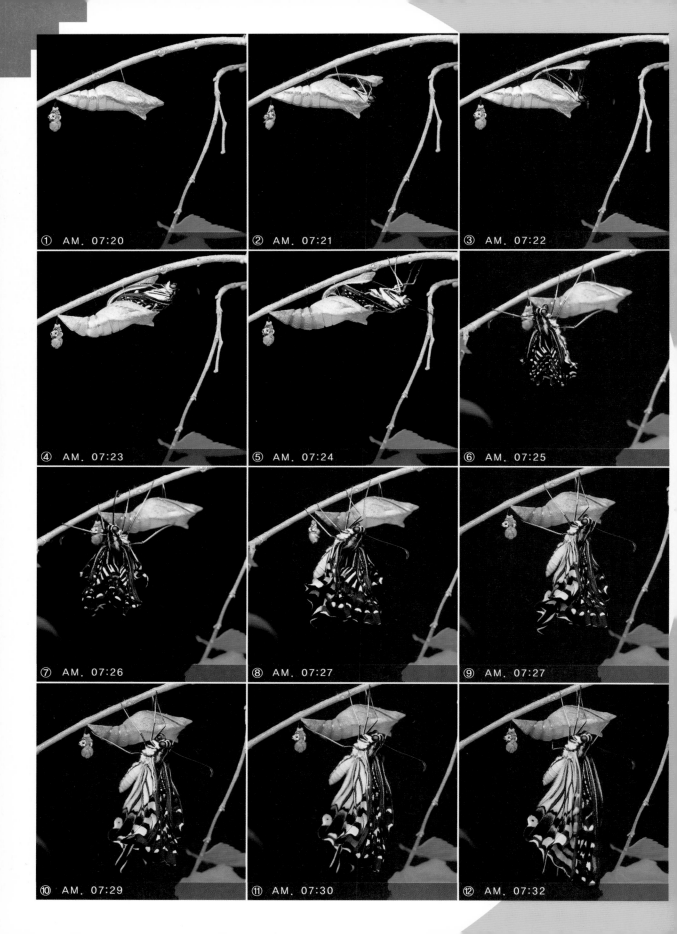

① AM. 07:20   ② AM. 07:21   ③ AM. 07:22

④ AM. 07:23   ⑤ AM. 07:24   ⑥ AM. 07:25

⑦ AM. 07:26   ⑧ AM. 07:27   ⑨ AM. 07:27

⑩ AM. 07:29   ⑪ AM. 07:30   ⑫ AM. 07:32

번데기에서 어른벌레가 나오는 모습입니다.

10

열십자 비행의 사랑

비 단 벌 레

Chrysochroa fulgidissima

- 학 명 : 비단벌레 (*Chrysochroa fulgidissima*)
- 과 명 : 딱정벌레목 비단벌레과
- 어른벌레 관찰 시기 : 7월~8월
- 겨울나기 : 애벌레

몸길이 3~4센티미터 정도의 곤충으로, 죽은 나무 줄기를 파먹으며 자랍니다. 우리나라에 분포하는 개체가 매우 적어 보호종으로 지정되어 있으며 남해안에 주로 분포합니다. 유난히 눈이 커다랗고 화려한 딱지날개를 가지고 있는데, 옛날에는 딱지날개를 가지고 장식품을 만들기도 하였습니다. 비단벌레과의 곤충은 산림을 해치는 해충으로 잘못 알려져 있지만, 실상 비단벌레는 죽은 나무만을 파먹고 삽니다. 우리나라에선 곤충 전문가들조차 생체를 직접 본 이가 많지 않을 정도로 개체수가 매우 적습니다.

왕눈이 갑충

어느 무더운 여름날 차를 몰고 산골짜기를 지나고 있었습니다. 차창을 모두 내리고 바람을 한껏 맞으며 달리고 있는데 갑자기 뭔가가 휙 날아드는 게 보였습니다. 그런데 그 비행 물체가 열십자 모양, 즉 십자가 모양이 아니겠습니까? 예전에 곤충 모임에 갔다가 하늘을 날아다니는 십자가가 있다는 소리를 들은 적이 있는데, 그것을 실제로 본 것은 처음이었습니다. 십자가 모양은 차 안으로 날아들어와 천장에 부딪치고는 바닥으로 떨어졌습니다.

급히 차를 세우고 주워들었더니 녀석은 고려비단벌레였습니다. 그러나 곤충학자로부터 들었던 십자가 비행의 주인공은 고려비단벌레보다 몸집도 두 배 정도 큰데다 빛깔도 훨씬 화려하다고 했습니다. 에메랄드와 루비가 한 몸에 박힌 갑충이라니, 얼마나 화려할지는 안 봐도 알 것 같았습니다.

지금부터 소개할 이 책의 마지막 주인공은 비단벌레입니다. 비단벌레는 왕방울만큼이나 커다란 눈을 가졌습니다. 죽어 가는 나무에 알을 낳고, 거기에서 깨어난 애벌레가 나무 속살을 파먹고 사는 산림 벌레랍니다.

제재소나 베어낸 나무를 쌓아 두는 곳에는 으레 많은 곤충들이 날아듭니다. 갑충을 연구하는 곤충학자들에게는 보석 창고처럼 소중한 곳이죠. 나뭇더미 속에는 별의별 곤충이 다 있습니다. 하늘소가 알을 낳으러 오면 말총벌이 애벌레에 기생하기 위해 기웃거리는 식이죠. 그 중에는 비단벌레 종류도 있습니다. 비단벌레들은 사람이 다가가면

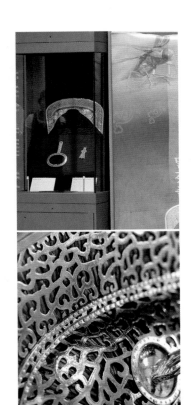

비단벌레는 옷 장식품과 공예 재료로 쓰일 만큼 아름다운 곤충입니다. 비단벌레의 딱지날개를 천 마리 넘게 사용하여 만든 말 장식 유물입니다.

놀라서 훌쩍 날아오릅니다. 그리고는 한 발짝 물러서서 염탐이라도 하는 듯 큰 눈망울로 사람을 살핍니다. 좀더 자세히 살필 요량으로 더 가까이 다가가면 녀석은 그만 훌쩍 날아서 다른 곳으로 피해 버립니다.

비단벌레류는 우리나라 어디에서나 찾아볼 수 있습니다. 종류마다 크기가 다르고, 서식하는 나무와 기후에 따라 생활상이 조금씩 다릅니다. 지금부터 찾아볼 녀석은 소나무비단벌레보다 크고 아름다운 그냥 '비단벌레'입니다.

비단벌레를 찾아 남쪽으로

장마가 끝난 한여름의 뙤약볕은 차 안의 에어컨도 무색하게 만듭니다. 가로수에서 그악스럽게 울어대는 매미 소리를 들으며 남쪽으로 향했습니다. 비단벌레를 찾아 떠난

소나무비단벌레의 모습.

여행이었습니다.

목적지인 바닷가 작은 마을에 도착하자마자 큰 나무가 서 있는 곳으로 달려갔습니다. 비단벌레의 비행 모습을 보기 위해서이지요. 햇살이 가득하다 못해 눈이 부실 정도로 밝은 한낮이었으니 비단벌레가 활동하기에 딱 좋은 조건입니다.

그때였습니다. 나무 위 허공에 정말로 십자가 무리가 나타났습니다. 십자가는 모두 비단벌레였답니다. 먼 길을 달려온 보람이 있었죠. 처음 본 비단벌레의 집단 비행 장면은 아름답다 못해 황홀할 지경이었습니다. 얼마나 오랫동안 넋을 잃고 올려다봤던지 나중에는 뒷목이 뻐근할 정도였답니다.

한낮에만 비행하는 비단벌레

다음날 아침, 또 그 자리에 갔습니다. 어제보다 이른 시간에 도착해서 알아볼 게 많았거든요. 더위는 아침부터 찌는 듯이 달아올랐습니다. 뙤약볕 아래 잠시만 서 있으면 비단벌레고 뭐고 다 그만두고 나무 그늘 속으로 도망가고 싶어집니다. 그런데다가 10미터가 넘는 나무 위를 올려다보고 있으려니 현기증이 날 정도였습니다. 할 수 없이 바닥에 드러눕는 쪽을 택했습니다. 팔을 벌리고 큰 대 자로 누워 나무 위를 살펴보니, 반짝 하고 비단벌레의 딱지날개가 빛에 반사되는 것이 보였답니다. 녀석들이 비행 준비를 끝내고 나뭇잎에 앉아 있었던 것이지요.

태양빛이 점점 더 강해지자 비단벌레들이 날기 시작했

비단벌레 서식지.

습니다. 바람마저 살랑살랑 불어오는 가운데 열 마리가 넘는 비단벌레가 한꺼번에 나타났습니다. 그런데 언제까지나 바닥에 누운 채로 녀석들을 올려다보고 있을 수만은 없었습니다. 위험천만해 보이는 고목나무에 올라가기로 결심했지요. 그리고 천신만고 끝에 나무에 오르는 데 성공했습니다.

드디어 비단벌레를 코앞에서 보게 되었습니다. 녀석들이 바로 내 눈앞에서 왔다갔다하며 날아다니는 게 아닙니까! 너무나도 생생한 광경에 벌어진 입을 다물지 못했지요. 정말이지 황홀 그 자체였습니다.

날아다니는 녀석들뿐만이 아닙니다. 나뭇잎마다 비단벌레가 자리를 잡고 앉아 잎을 야금야금 갉아먹고 있었습니다. 바로 눈앞에서 비단벌레의 식사 장면을 볼 수 있다니! 영화 〈쥬라기 공원〉에서 주인공들이 나무 위에 올라가 공룡을 보고 느낀 감동이 이런 걸까요?

비단벌레의
구애 비행

느릅나무 이파리의 보호색

나뭇잎에 난 작은 구멍들은 비단벌레가 식사한 흔적이었는데, 잎을 보고서야 그 고목나무가 느릅나무인 줄을 알았습니다. 남쪽의 느릅나무는 생김새가 좀 다르더군요. 그러고 보니 주위에 느티나무도 있고 녹나무와 후박나무도 있는데 유독 느릅나무 위에서만 비단벌레가 날고 있었습니다. 왜 그런 걸까요?

바람이 불어 이파리들이 일렁대자 그 해답이 드러났습니다. 느릅나무 잎이 그들의 보호색이었던 거지요. 느릅나무 잎의 크기와 비단벌레의 크기가 비슷한데다 나뭇잎 옆쪽에 있는 톱니바퀴 같은 거치(鋸齒)는 비단벌레가 착륙할 때 붙들기에 아주 좋았습니다. 그래서 비단벌레가 이파리에 붙어 있으면 좀체 찾기가 어렵습니다. 녀석들의 진초록 에메랄드빛은 잎과 색깔이 똑같고, 세로로 난 루비색 옆줄은 나뭇가지를 닮았습니다. 그러나 바람이 불어 나뭇잎을 살랑살랑 흔들어 대면 빛에 반사된 비단벌레의 등껍질이 반짝이는 것으로 쉽게 찾을 수 있었습니다.

사랑을 위한 열십자 비행

처음엔 비단벌레 암수 구별법을 알지 못했습니다. 낙동강에 사는 수수미꾸리처럼 녀석들도 겉모습은 암수가 똑같았으니까요. 아니, 암수의 차이점을 알고 난 후에도 언뜻 봐서는 잘 모를 정도로 비단벌레 암수의 모습은 비슷하답니다.

먹이인 느릅나무에 앉아 있는 비단벌레.

▲ 비단벌레가 자란 후 탈출한 구멍들(위).
죽은 나무 하나에 수십 개의 구멍이 나
있습니다.
▲ 애벌레 모습(소나무비단벌레의 애벌레.
아래).

비단벌레가 느릅나무 꼭대기를 비행하는 것은 대개는 짝을 찾기 위해서입니다. 날씨가 한껏 뜨거워지자 수컷들이 날아오르기 시작했습니다. 반면에 암컷들은 이파리에 고고하게 앉아 수컷들을 기다리고 있었지요. 수컷은 비행을 하면서 암컷을 찾아 기웃거립니다. 그런데 수컷의 비행은 일 분을 넘기지 못했습니다. 무더운 날씨에 빠른 날갯짓을 하다 보니 쉽게 지치고 말았던 것이지요.

비행하던 비단벌레 수컷이 드디어 암컷을 찾았습니다. 그리고 바람 때문에 힘겹게 암컷 곁에 착륙한 수컷은 암컷에게 구애를 하기 시작합니다. 여느 갑충들과 마찬가지로 앞발을 들이밀며 더듬이로 암컷의 몸을 다독거리다가 등 위로 올라탑니다. 느릅나무 잎이 두 마리의 무게를 이기지 못하자 암컷은 수컷을 등에 업은 채 나뭇가지로 옮겨 앉습니다. 이제 그들의 짝짓기는 안전하게, 성공적으로 이루어졌습니다.

사랑을 위한 그들의 열십자 비행은 정말 성공적이었습니다. 그토록 화려한 곤충이 짝짓기 비행을 하느라 야단법석을 떠는데도 천적들은 나타나지 않았습니다. 그 시간은 천적들도 쉴 수밖에 없는 여름 한낮의 뙤약볕이었으니까요.

곤충 관찰의 대상은 죽은 표본이 아니라 살아 움직이는 것이어야 합니다. 나는 비단벌레가 언제까지나 그 자리에서 계속 아름다운 사랑을 이어 가기를 바랍니다. 그래서 우리 후손들에게도 그 멋진 열십자 비행의 진수를 보여주기를 희망합니다.

반디의 곤충연구실

다른 비단벌레의 모습을 살펴볼까요?

① 풀색호리비단벌레
② 금테비단벌레
③ 소나무비단벌레
④ 소나무여섯점박이비단벌레
⑤ 노랑무늬비단벌레
⑥ 검정얼룩비단벌레
⑦ 검정무늬비단벌레
⑧ 모무늬비단벌레
⑨ 검정금테비단벌레
⑩ 검정넓적비단벌레
⑪ 황녹색호리비단벌레

✳ 그래프로 보는 곤충 활동 시기

	1월	2월	3월	4월	5월
유리산누에나방					
후박나무하늘소					
큰호리병벌					
왕잠자리					
풀무치					
긴꼬리					
겨울자나방					
길앞잡이					
호랑나비					
비단벌레					

*후박나무하늘소, 길앞잡이는 2년 이상 살아가는 곤충들입니다.
 허물벗기 후 어른벌레로 오랫동안 지내기 때문에 관찰할 수 있는 시기를 두 가지로 나누어 표기하였습니다.

6월	7월	8월	9월	10월	11월	12월

학명

Anax parthenope julius - 74
Chrysochroa fulgidissima - 178
Cicindela chinensis flammifera - 144
Eupromus ruber - 30
Inurois fumosa - 126

Locusta migratoria - 92
Oecanthus longicauda - 112
Oreumenes decoratus - 54
Papilio xuthus - 160
Rhodinia fugax - 8

ㄱ

가는실잠자리 – 91
가시광선(可視光線) – 166
가시측범잠자리 – 78
가중나무고치나방 애벌레 – 27
가중나무고치나방 – 27
갈색형 – 93, 96, 100, 102
감로 – 120, 124
갑충 – 146, 180
강변길앞잡이 – 158
개미귀신 – 148, 149, 154, 155
검둥긴꼬리뾰족맵시벌 – 66, 68
검은점겨울자나방 – 127
검정금테비단벌레 – 190
검정넓적비단벌레 – 190
검정무늬비단벌레 – 190
검정얼룩비단벌레 – 190
검정풍뎅이 – 17
겨울가지나방 – 129
겨울나기 – 52, 53, 142, 172
겨울자나방 – 126
겹눈 – 77, 86,
경계음 – 9, 46
고려비단벌레 – 180

고시류(古翅類, Palaeoptera) – 78
고추잠자리 – 91
고추좀잠자리 – 91
교미부속기 – 82
구애 – 40, 70, 97, 105, 107, 115, 163, 168, 172, 185, 188
금테비단벌레 – 190
기생파리 – 66
긴꼬리 – 112
긴꼬리산누에나방 애벌레 – 26
긴꼬리산누에나방 – 26
긴꼬리제비나비 애벌레 – 164
긴꼬리제비나비 – 164, 172
긴무늬왕잠자리 – 91
긴알락꽃하늘소 – 50
길앞잡이 – 144
깃동잠자리 – 77
깔따구길앞잡이 – 158
꼬리명주나비 애벌레 – 164
꼬리명주나비 – 164
꼬마길앞잡이 – 158
꼬마잠자리 – 91

ㄴ

나비잠자리 – 91
날개띠좀잠자리 – 91
날개맥 – 78, 107
남색초원하늘소 – 50
넉점박이잠자리 – 91
네눈박이산누에나방 수컷 – 27
네눈박이산누에나방 암컷 – 27
네발나비 – 143
노란줄점하늘소 – 49

노란측범잠자리 – 91
노랑무늬비단벌레 – 190
노랑배허리노린재143
녹색형 – 93, 100,
달유리고치나방 수컷 – 27
더듬이 – 15, 36, 39, 40, 138, 188
된장잠자리 – 76, 79
뒷다리넓적다리마디 – 107

ㅁ

먹국화하늘소 – 51
먹주홍하늘소 – 48, 50
먹줄왕잠자리 – 78
메가네우라 – 77

모무늬비단벌레 – 190
모시긴하늘소(무궁화하늘소) – 49
모시나비 애벌레 – 164
모시나비 – 164

모자주홍하늘소 – 48
무녀길앞잡이 – 158
무두질 – 39
묵은실잠자리 – 143

민호리병벌 – 72
밀원식물 – 164
밀잠자리 – 79, 84

ㅂ

박쥐 소리 – 17, 20
밤나무산누에나방 애벌레 – 26
밤나무산누에나방 – 26
방아깨비 – 98, 100
배다리 – 17
번데기 – 13, 28, 67, 104, 156, 173, 174
범하늘소 – 51
벚나무사향하늘소 – 49
보호색 – 20, 32, 34, 43, 45, 59, 93, 96,
　　　130, 157, 186,

부성기 – 80
북방깨다시하늘소 – 50
북방수염하늘소 – 50
불완전변태 – 104
붉은산꽃하늘소 – 49
붉은점모시나비 애벌레 – 164
붉은점모시나비 – 164
비단벌레 – 178
뽕나무하늘소 – 36, 51

ㅅ

사향제비나비 애벌레 – 164
사향제비나비 – 164
산길앞잡이 – 158
산란(알 낳기) – 15, 17, 40, 42, 45, 63, 64,
　　67, 69, 77, 81, 82, 83, 102, 108, 111,
　　121, 123, 140, 148, 171, 172
산란관 – 67, 68, 69, 75, 88, 121, 122
산란터 – 39, 40, 42, 45
산호랑나비 애벌레 – 164
산호랑나비 – 164
산호랑나비의 번데기 – 143
삼하늘소 – 49

새똥하늘소 – 44, 50
색소 결합 단백질 – 21
생식기 – 80
생존 전략 – 44
섬서구메뚜기 – 100
소나무비단벌레 – 181, 190
소나무비단벌레의 애벌레 – 188
소나무여섯점박이비단벌레 – 190
수채(水菜) – 86
수태낭 – 171
숨관아가미 – 86

ㅇ

아이누길앞잡이 – 158
알락수염하늘소 – 50
알의 모습 – 13, 16, 40, 64, 73, 77, 102,
　　　121, 140, 143
앞다리종아리마디 – 99, 171
애기좀잠자리 – 91
애호랑나비 애벌레 – 164
애호랑나비 – 164
얇은날개겨울자나방 – 126, 138
어리부채장수잠자리 – 91
어리장수잠자리 – 91
어린 긴꼬리 – 116
어린 풀무치 – 94
열전도율 – 106
오이하늘소 – 51
옥색긴꼬리산누에나방 애벌레 – 26

옥색긴꼬리산누에나방 – 26
완전변태 – 161
왕사마귀의 알집 – 143
왕잠자리 암 · 수 – 81
왕잠자리 – 74
왕청벌 – 66, 67, 69
외골격 – 104, 107, 147
우리목하늘소 – 45, 49
우화(羽化) – 23, 28, 87, 89, 176
우화부전 – 28
운향과(芸香科) 식물 – 171
유리산누에나방 암컷 – 22
유리산누에나방 – 8
유리산누에나방의 2령 애벌레 – 16
유리산누에나방의 4령 애벌레 – 16
유리산누에나방의 고치 – 11, 12, 13, 14

유리산누에나방의 우화 - 28
유리산누에나방의 종령 애벌레 - 16, 17
유전자 - 81, 120, 124, 153, 171
육점박이하늘소 - 49

의사행동(疑死行動) - 43
인편(鱗片) - 167
임도(林道) - 105

ㅈ

자나방 - 64
자벌레 - 64, 65, 66, 72, 129, 131
자외선(紫外線) - 167
작은산누에나방 수컷 - 27
작은산누에나방 암컷 - 27
작은산누에나방 애벌레 - 27
작은소범하늘소 - 49
작은청동하늘소 - 49
작은하늘소 - 50
잔산잠자리 - 79, 82
장수잠자리 - 77, 91
장수하늘소 - 47

적외선(赤外線) - 167
점박이염소하늘소 - 51
점호리병벌 - 71
정자낭 - 81, 171
정포낭 - 120, 124
제비나비 애벌레 - 164
제비나비 - 164, 173
지표종 - 80
집짓기 - 61
짝지하늘소 - 49
짝짓기 - 15, 24, 40, 41, 45, 71, 79, 80,
         83, 103, 108, 120, 124, 131, 133,
         138, 151, 153, 168, 171, 188

ㅊ ㅋ ㅌ ㅍ

참길앞잡이 - 158
참나무산누에나방 애벌레 - 26
참나무산누에나방 - 26
참나무산누에나방의 고치 - 11
참나무하늘소 - 45, 49
참실잠자리 - 91
청각 기관 - 99
청미래덩굴 - 35
청줄하늘소 - 51
취각 - 174
콩중이 갈색형 - 100
콩중이 녹색형 - 100
큰무늬길앞잡이 - 158
큰우단하늘소 - 50

큰호리병벌 - 54, 57
타이거 비틀(Tiger beetle) - 146
털두꺼비하늘소 - 51
통사과하늘소 - 51
팥중이 갈색형 - 100
팥중이 녹색형 - 100
페로몬 - 14, 15, 23, 127, 133, 134, 135,
         137
표본 - 33, 47, 188
푸른아시아실잠자리 - 91
풀무치 암수 구분 - 108
풀무치 - 92
풀무치의 귀 - 99
풀색호리비단벌레 - 190

ㅎ

하늘소 암수 구분 - 36, 39
하늘소 - 50
하루살이 - 78
한국땅거미의 겨울나기 그물 - 143
허물벗기 - 16, 78, 104
호랑거미의 알집 - 143
호랑나비 - 160
호랑하늘소 - 51
호리병벌 - 54
홀쭉사과하늘소 - 50

화살하늘소 - 51
화홍깔따구길앞잡이 - 158
황녹색호리비단벌 - 190
황오색나비 애벌레 - 143
후박나무 - 33, 34
후박나무의 새순 - 34
후박나무하늘소 - 30, 33
후박나무하늘소의 겨울나기 - 53
흰염소하늘소 - 49

찾아보기